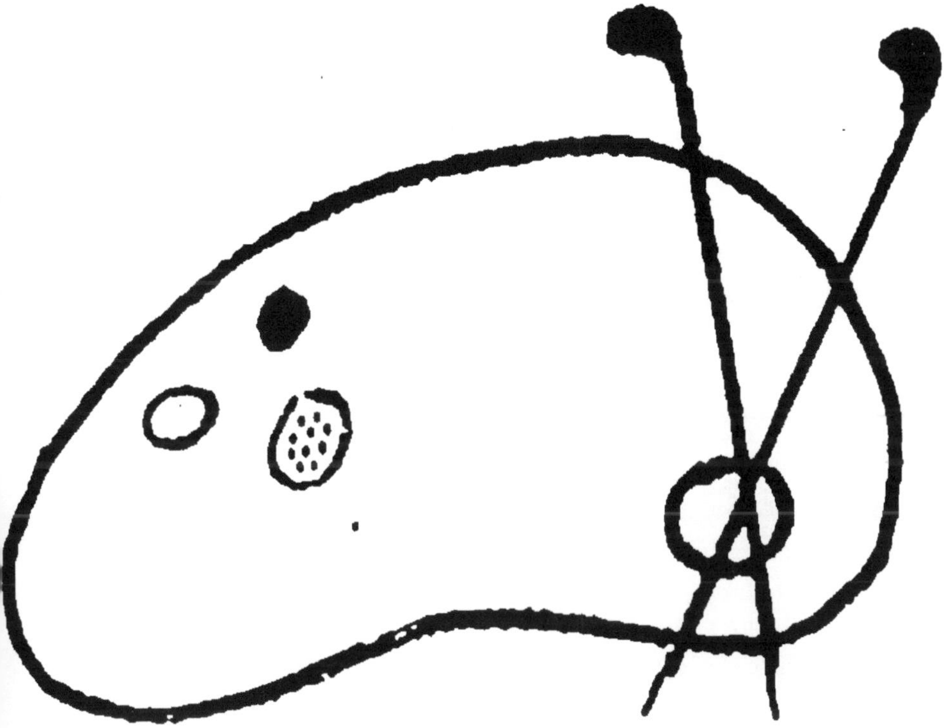

Couvertures supérieure et inférieure
en couleur

BIBLIOTHÈQUE MORALE

DE

LA JEUNESSE

—

3ᵉ SÉRIE IN-8°

Arc-en-ciel.

LES
CONNAISSANCES UTILES

PAR

E. CAMPAGNE

ROUEN

MÉGARD ET Cⁱᵉ, LIBRAIRES-ÉDITEURS

1883

LES

CONNAISSANCES UTILES.

I.

LA NATURE PARLANTE.

Lorsque les hommes s'occupèrent à reconnaître les objets qui les environnaient, ils comprirent que, leur multitude empêchant de les étudier, il était nécessaire de les arranger dans un ordre propre à faciliter les opérations de l'esprit.

On observa que les terres, les métaux, les pierres, ne donnant aucun indice de vie, n'ayant aucun organe destiné à des fonctions spéciales, étaient des corps bruts ou *minéraux.*

D'autres corps enracinés dans la terre, pourvus d'organes, prenant une nourriture intérieure, croissant et se reproduisant, furent reconnus doués de vie; mais comme ils ne donnent aucun signe de sentiment, on les nomma *végétaux*.

Enfin , d'autres corps vivants, capables de se sentir et de s'émouvoir, se nourrissant et se reproduisant, furent désignés sous le nom d'*animaux*.

Ce sont les trois règnes , dont le premier est dit aussi *inorganique* et les deux autres *organiques*. Chaque règne a été subdivisé en genres, familles et espèces, pour faciliter l'étude de chaque être en particulier.

Nous étudierons les plus intéressants au point de vue de la science pratique de la vie.

Il y a des rapports intimes entre la nature animée et les commotions atmosphériques, telles que les tempêtes, les ouragans, la pluie et les orages.

Aux approches de la pluie, les lézards se cachent, les chats se fardent, les oiseaux lustrent leurs plumes , les mouches piquent plus fortement, les poules se grattent et se couvrent de poussière, les poissons sautent hors de l'eau , les oiseaux aquatiques battent des ailes et se baignent, tandis que les hirondelles descendent des hautes régions et poursuivent les insectes en rasant la terre de leur vol.

On connaît des feuilles d'arbres qui, à l'approche
d'une pluie, se tournent en volutes, de manière à rete-
nir l'eau. Parmi les fleurs, les unes se ferment, d'autres
s'ouvrent.

Ces phénomènes curieux, qu'on a le tort de négliger,
dérivent comme autant de conséquences des grandes lois
qui régissent l'univers.

II.

LES GÉANTS ET LES NAINS.

Les progrès accomplis de nos jours en histoire naturelle nous ont appris à réduire la taille de la plupart
des géants à celle des tambours-majors.

Il semble, d'après le témoignage de la Bible et des
historiens, que la race des géants appartenait presque
exclusivement à la Palestine, où naquirent Og, roi de
Basan, dont le lit avait plus de cinq mètres, et le fameux Goliath, haut de six coudées et une palme, c'est-
à-dire trois mètres cinquante. Nemrod ,, qui fonda

Babylone, est le plus illustre après Og. On appelait la ville d'Hébron la *Cité des Géants*.

Homère parle aussi des géants, et la naïve aventure du cyclope Polyphème, vaincu par Ulysse, a fait le tour du monde.

Les nains ont été, à toutes les époques, plus rares que les géants. Dans les deux derniers siècles on n'en cite que quatre qui aient rempli les conditions voulues.

Bébé, qui fut recueilli par le roi de Pologne Stanislas, naquit en 1741, dans un village des Vosges. On le porta à l'église sur une assiette garnie de filasse, et on lui donna pour berceau un sabot rembourré. Sa taille ne dépassa jamais trente-trois pouces. Il s'égara un jour dans un pré dont l'herbe n'était pas encore fauchée. Il mourut à vingt-trois ans.

Borwilaski, gentilhomme polonais, était encore plus petit; mais il était très-intelligent, très-aimable, fort en mathématiques, et parlait plusieurs langues.

Pierre Dantlow (29 pouces), qui n'avait pas de bras, écrivait avec ses doigts du pied très-lisiblement et exécutait de très-beaux dessins à la plume ; exemple mémorable de ce que peut une volonté forte.

Quant au général Tom Pouce, sous Louis XV, c'était

un nain fort gentil et surtout fort habile. Véritable joujou humain, il se promenait à travers les rues de Paris dans un carrosse à peu près gros comme une marmite et attelé de deux chevaux gros comme des chiens.

III.

LES SINGES ET LES SAUVAGES.

Les singes vivent ordinairement par troupes et
voyagent sous la conduite d'un chef. D'un naturel très-
défiant, s'ils s'avancent dans les lieux cultivés, ce n'est
qu'après avoir posé des sentinelles avancées.

Ils habitent les déserts de l'Amérique, de l'Asie et de
l'Afrique, et ils ont de la peine à s'acclimater chez nous.
Tout le monde connaît l'intelligence des singes, leur
esprit d'imitation et de malice, leur goût pour le vol et
la rapine, la gravité des uns, la pétulance et la vivacité
des autres.

Bien qu'ils se montrent généralement gourmands, voleurs et colères, on en a vu qui étaient élevés à rincer les verres, à tourner la broche, à servir à table, à broyer les couleurs, en un mot, à rendre les services d'un domestique.

Mais ce n'est pas là leur affaire ; et en les examinant bien, on remarque qu'ils sont destinés à passer sur les branches la plus grande partie de leur existence. Leurs membres, en effet, sont grêles et longs ; leur marche à terre est lourde et lente ; ce n'est que sur les arbres qu'ils déploient leur extrême agilité : c'est là leur domicile naturel.

Ces animaux ont de tout temps éveillé la curiosité des savants ; à voir surtout l'orang noir de Bornéo, avec sa figure olivâtre et ses épais favoris, on dirait un être humain égaré dans nos déserts. Il est probable que les faunes et les satyres de la mythologie étaient simplement des orangs, et que la connaissance imparfaite de ces animaux aura donné naissance à ces fables.

Il y a encore, surtout en Afrique et en Océanie, des hommes sauvages qui errent à l'aventure à travers les campagnes incultes et les forêts, ou le long des fleuves et des côtes de la mer.

Ils se nourrissent du gibier de leur chasse, du poisson

de leur pêche et des fruits qui pendent aux arbres. Quelques-uns conduisent de pâturage en pâturage des troupeaux de moutons, de chèvres et d'autres animaux dont ils boivent le lait et dont ils mangent la chair.

Quand le soir est venu, les sauvages se construisent promptement une hutte de branches et de feuillages, ou bien ils fixent dans le sol des pieux sur lesquels ils déploient des peaux d'animaux, et forment ainsi ce qu'on appelle des tentes. C'est dans cette simple demeure qu'ils s'abritent pendant la nuit, et là ils goûtent un repos aussi heureux que s'ils habitaient des palais.

Mais quand nous voyons des sauvages qui dévorent leurs prisonniers et parent horriblement leur demeure avec les os et la chevelure de leurs ennemis, ce spectacle nous révolte. Cependant les hommes civilisés, à leur tour, se livrent des combats formidables et jonchent les plaines de cadavres, et nous attendons toujours en vain la fin de ces luttes fratricides.

IV.

LES CARNASSIERS.

Voici pourtant des animaux qui paraissent destinés à vivre de carnage. Cet ordre comprend tous les animaux les plus féroces, comme le chien, le loup, le chacal, le renard, le chat, le lynx, le lion, le tigre, la panthère, le léopard, l'hyène, l'ours ; et d'autres plus innocents, comme le blaireau et la taupe.

Le chien, le fidèle ami de l'homme, vit de quinze à vingt ans. Les nombreuses variétés qui sont désignées sous les noms de dogue, mâtin, lévrier, barbet, etc., sont considérées comme étant toutes descendues d'une seule et même souche, que l'on suppose n'avoir différé que très-peu du chien de berger. Cet animal ne se trouve nulle part à l'état primitif, et les chiens sauvages qu'on rencontre dans quelques pays sont des descendants de quelques chiens domestiques redevenus libres.

Le loup commun habite presque toutes les parties de l'Europe, ainsi que le nord de l'Asie et de l'Amérique.

Il diffère du chien par son museau plus allongé, ses oreilles toujours droites et ses proportions plus fortes. Par ses appétits carnassiers, par la guerre continuelle qu'il fait aux bergeries et aux basses-cours, il est un des animaux les plus redoutés, quoique son courage ne réponde pas à sa férocité.

Le chacal, qui est très-commun en Algérie et en Asie, a aussi avec le chien une étroite parenté. On rencontre dans d'autres régions du globe d'autres animaux qui ressemblent au chien et au chacal, mais qui en diffèrent assez pour ne pas être confondus avec eux, tels sont le loup rouge du Mexique et le loup des prairies de l'Amérique septentrionale.

Le renard, fameux par sa ruse, est essentiellement nocturne. Pendant le jour, il dort dans son terrier, qu'il se creuse dans le sol; et la nuit, il chasse les lapins ou la volaille. Il habite l'Asie et toutes les contrées de l'Europe.

Le chat commun est à l'état sauvage dans quelques

forêts de l'Europe ; il est alors d'un tiers plus grand que nos chats domestiques.

Les Grecs de l'antiquité ne connaissaient que peu ces animaux, mais ils étaient communs chez les Egyptiens. On en trouve aujourd'hui dans tous les pays.

Le lynx ou loup-cervier est une espèce de chat, remarquable par le pinceau de poils qui surmonte ses oreilles. On le trouve dans les Pyrénées, les montagnes de Naples et en Afrique. Il grimpe sur les arbres les plus élevés des forêts, et s'y tient caché entre les branches pour épier sa proie. Sa vue est tellement perçante, que les anciens lui attribuaient la faculté de voir à travers les murs. Cela est évidemment faux, mais il paraît qu'il distingue à une très-grande distance.

Le lion dort ordinairement le jour et sort pendant la nuit pour chercher sa proie. C'est alors qu'il fait entendre son terrible rugissement qui épouvante tous les animaux.

En général, il se met en embuscade sur les bords des ruisseaux où les animaux viennent boire, s'y cache parmi les roseaux ou les longues herbes de la rive, et, saisissant le moment favorable, s'élance comme la foudre sur sa victime, en franchissant d'un seul bond une dizaine de mètres.

Il rugit en général après avoir mangé ou quand le temps est à l'orage. Sa force est prodigieuse, et il peut trainer sans peine les plus gros bœufs. Les lions étaient si communs autrefois, que César et Pompée en firent paraitre cinq cents à la fois dans le cirque de Rome. On ne les trouve guère aujourd'hui qu'en Afrique et dans l'Inde.

Le tigre est encore un animal plus redoutable que le lion, qu'il égale en taille et en force, mais qu'il dépasse en férocité. Il éventre un bœuf d'un coup de griffe, et l'emporte dans sa gueule presque en fuyant. Excepté l'éléphant, aucun animal ne peut lui résister, et souvent il s'attaque à l'homme.

Le tigre d'Amérique ou jaguar, que les fourreurs appellent la petite panthère, est presque aussi grand que le tigre de l'Inde dont nous venons de parler. Il habite les grandes forêts, se cache dans les cavernes et se montre d'une défiance extrême.

La panthère est moins grande que les espèces précédentes et plus commune. Elle est répandue dans toute l'Afrique, dans les parties chaudes de l'Asie et dans l'Archipel indien. Elle est remarquable par sa belle robe ornée de taches noires en forme de roses. Ses mœurs se rapprochent beaucoup de celles du chat ; elle attaque les petits quadrupèdes et grimpe sur les arbres pour y poursuivre sa proie ou fuir le danger.

Le léopard ressemble beaucoup à la panthère, mais les taches dont ses flancs sont ornés sont plus petites, et l'on en compte dix rangées au lieu de cinq.

On range encore dans le genre des chats le couguard, qui n'attaque guère que les petits animaux, et le guépard, tigre chasseur des Indes, qui se dresse très-facilement.

Les hyènes sont des animaux nocturnes qui habitent d'ordinaire les cavernes et qui sont d'une cruauté extrême ; mais elles ne méritent pas la réputation de férocité qu'on leur fait ; car elles ne s'attaquent que rarement à des animaux vivants et se repaissent de cadavres. L'hyène commune se trouve dans diverses parties de l'Asie et de l'Afrique.

L'ours est doué d'une force prodigieuse et de beaucoup d'intelligence. Il s'accommode aussi bien d'aliments végétaux que de la chair des animaux.

Comme les ours aiment la retraite et la solitude, la plupart d'entre eux habitent les forêts les plus sauvages et établissent leur demeure au milieu des rochers, dans quelque caverne, ou bien dans des antres qu'ils creusent avec leurs ongles forts et crochus.

On les voit même se construire avec des branches et des feuillages des cabanes dont l'intérieur est soigneusement garni de mousse.

En hiver, ils s'engourdissent ; et lorsque le froid est vif, ils tombent dans une léthargie complète, pendant laquelle ils ne prennent aucune espèce de nourriture. On trouve des ours dans toutes les parties du monde, excepté dans l'Afrique et dans l'Australie.

Le blaireau, qui est de la taille d'un chien de médiocre grandeur, est un animal solitaire qui passe la plus grande partie de sa vie dans un terrier oblique, tortueux et à une seule ouverture, où il a soin d'entretenir une extrême propreté. Il habite les parties tempérées de l'Europe et de l'Asie, mais il est devenu très-rare en France, à cause de la chasse active qu'on lui fait.

La taupe est répandue dans toutes les contrées fertiles de l'Europe. Nous sommes portés à croire que les taupes sont plutôt utiles que nuisibles, car elles détruisent un grand nombre de larves d'insectes, et ces larves elles-mêmes font souvent de grands ravages en rongeant les racines des plantes.

C'est surtout en poursuivant des larves d'insectes que ces animaux creusent leurs souterrains, plus ou moins profondément, suivant que la nature du sol porte leur proie à s'éloigner de la surface. Sur la terre, les taupes se meuvent aussi difficilement qu'elles se conduisent avec facilité en-dessous. La vitesse avec laquelle elles fouissent est quelquefois si grande, qu'elles semblent nager dans la terre.

Ces animaux, comme on le voit, sont destinés à vivre dans une obscurité profonde; aussi leurs yeux sont-ils réduits à un état de petitesse extrême. La conformation de leur corps et en particulier de leurs pattes annonce suffisamment leur destination.

V.

LES RUMINANTS.

Les ruminants ont quatre estomacs, ce qui permet d'expliquer l'acte de la rumination. Il y a des ruminants à cornes : le cerf, la girafe, l'antilope, la chèvre, la brebis, le bœuf ; et des ruminants sans cornes : le chameau, le lama, le chevrotain.

Le cerf, dont la femelle se nomme biche et le petit faon, habite les forêts de toute l'Europe et de l'Asie tempérée. Sa chasse a été de tout temps l'exercice favori des grands. Les cornes du cerf, nommées bois, sont comparables à un arbuste avec sa tige et ses branches, et elles n'arrivent que la quatrième année à leur complet développement.

Le cerf a des ruses variées. Pour se soustraire à la poursuite des chiens, il passe et repasse sur la voie, pour leur faire perdre la piste ; d'autres fois, il se fait accompagner d'autres bêtes, ou bien fait un grand saut de côté, se couche sur le ventre et laisse passer ses ennemis. Sa dernière ressource est ordinairement de se plonger dans l'eau. On dit alors que le cerf est *aux abois*, c'est-à-dire qu'il ne lui reste plus qu'à se défendre avec ses cornes, armes dangereuses pour ses adversaires.

Le renne diffère des autres cerfs en ce qu'il existe des bois chez la femelle aussi bien que chez le mâle. Il habite les contrées glaciales des deux continents et rend de grands services aux peuples du Nord. Il leur sert en effet comme bête de trait et de somme ; son lait et sa chair forment une excellente nourriture, et sa peau donne un vêtement chaud et solide.

La nourriture de ces animaux est une espèce de lichen, presque la seule production végétale de ces régions. Cette sobriété permet aux Lapons et aux Samoyèdes (en Sibérie) d'en élever des troupeaux nombreux.

La girafe est surtout remarquable par la longueur considérable de son cou, la hauteur de son train de devant et de sa grande taille. Elle habite les régions centrales de l'Afrique.

L'antilope, qui se place entre les cerfs et les chèvres, se distingue par ses cornes creuses, sa vue perçante et la finesse de son ouïe. Ces animaux sont timides, paisibles, sociables, et vivent généralement en troupes. On les trouve principalement dans l'Afrique centrale. L'isar des Pyrénées et le chamois des Alpes sont une variété d'antilope.

La chèvre, souvent unique ressource d'une pauvre famille, n'est pas difficile à nourrir. Elle est avide de branchages et de jeunes bourgeons. En hiver, à défaut d'autre fourrage, on peut lui donner des feuilles cueillies pendant qu'elles étaient en sève et qu'on a fait dessécher.

Les moutons se nourrissent sans peine, broutent dans les champs les pâtures trop courtes pour la dent des bœufs, ramassent jusqu'au dernier brin d'herbe, utilisent les landes stériles et les bruyères ingrates, et fournissent à l'homme des produits précieux.

Pendant l'hiver, on les nourrit souvent à la bergerie. Dans ce cas, une botte de bon fourrage de cinq kilog. suffit par jour à cinq moutons, ou brebis de moyenne force, sans qu'il soit besoin de leur donner d'autre nourriture.

Le bœuf, véritable ami du laboureur, se dresse dès l'âge de trois ans. S'il est difficile, on ne doit ni le battre, ni l'aiguillonner, mais le traiter avec patience et douceur. On l'attelle à la charrue avec un bœuf de même taille et déjà dressé. Il faut avoir le soin de l'accoupler tantôt avec un bœuf, tantôt avec un autre ; autrement il ne rend pas les mêmes services.

La vache, quoique moins forte que le bœuf, est une des grandes ressources d'une exploitation, et seule elle fait la richesse d'une pauvre famille.

Les chameaux, sans lesquels les hommes n'eussent jamais pu traverser les vastes solitudes de sable que l'on rencontre en Asie et en Afrique, ont la faculté de passer plusieurs jours sans boire et sont célèbres par leur docilité, leur sobriété, et par la faculté de soutenir de longs voyages.

Dans l'Arabie, et dans d'autres contrées où l'on fait servir le chameau à différents usages, il est regardé comme le plus précieux des animaux. Son lait forme une bonne nourriture ; son poil, qui tombe régulièrement tous les ans, sert à faire des vêtements ; et, à l'approche de l'ennemi, la vitesse de sa course permet à son maître de fuir rapidement à de grandes distances.

Les lamas ont beaucoup d'analogie avec les chameaux,

mais sont dépourvus de bosses et ont les doigts libres. Ils habitent l'Amérique méridionale.

Les chevrotains, qui ressemblent beaucoup aux cerfs, sont dépourvus de cornes et ont les dents canines très-développées à la mâchoire supérieure. C'est une espèce de ce genre qui fournit la matière odorante employée en parfumerie sous le nom de *musc*. On les trouve dans les montagnes de l'Asie centrale.

VI.

LES PACHYDERMES.

Cette famille d'animaux, ainsi nommés à cause de l'épaisseur de leur peau, renferme les plus grands quadrupèdes connus, qui aiment les lieux humides et marécageux, se nourrissent d'herbes, de feuilles, de racines, et rarement de chair : l'hippopotame, l'éléphant, le rhinocéros, le cheval et le sanglier.

L'hippopotame, ou cheval des fleuves, dont le poids atteint près de 2,000 kilog., vit dans les rivières du centre et du midi de l'Afrique, se nourrissant de poissons et de végétaux.

Quoique ces animaux aient près de quatre mètres de longueur, ils n'ont pas plus d'un mètre et demi de hauteur, ce qui fait que leur ventre touche presque à terre.

Ils passent le jour dans les fleuves, cachés au milieu des roseaux ; au moindre bruit, ils se précipitent sous l'eau, où ils peuvent rester quelques instants sans venir respirer.

Ils ne quittent les rivières que pendant la nuit pour ravager les plantations de sucre, de riz et de millet.

Leurs dents fournissent un très-bel ivoire, presque inaltérable, que l'on recherche surtout pour les dents artificielles. Le premier hippopotame vivant a été amené à Paris en 1853, par M. Delaporte, médecin français.

Les rhinocéros habitent les parties les plus chaudes de l'Asie et de l'Afrique, surtout les Indes orientales, l'Abyssinie et la Cafrerie. Ils ont souvent de trois à quatre mètres de long sur deux mètres de haut ; leurs formes sont lourdes, leur corps massif, leur peau sèche, épaisse, grossièrement plissée et presque dépourvue de poils.

Ces animaux, dont une corne sur le nez forme le caractère distinctif, se tiennent dans les forêts et les solitudes marécageuses. La force des rhinocéros est extraordinaire; ils livrent de fréquents combats aux éléphants et en sortent souvent vainqueurs; cependant ils ne sont pas carnassiers, et ne mangent que des herbes, des feuilles et des racines.

On leur fait la chasse pour leur chair, qui est comestible, quoique d'une odeur musquée, et pour leur peau, dont on fait un cuir impénétrable.

Les éléphants sauvages vivent ordinairement dans les forêts et les lieux marécageux des contrées les plus chaudes de l'Asie et de l'Afrique. Ils se tiennent par troupes nombreuses, conduites par un vieux mâle. Ils vivent de graines, d'herbes et de racines. Ils ramassent leur nourriture et la portent à leur bouche avec leur trompe, organe qui leur sert aussi à soulever les fardeaux et à terrasser leurs ennemis.

L'éléphant est en général doux, à moins qu'on ne l'irrite, fort intelligent, et d'une force telle, qu'il fait aisément huit kilomètres par jour, chargé d'un poids de 1,000 kilog.

Sa peau est tellement épaisse, qu'une balle s'y aplatit, au lieu de rentrer; elle est noire, mais elle peut s'altérer par l'âge, jusqu'à devenir blanche.

Les deux canines de la mâchoire supérieure, qui sont plus grosses que les cornes des plus gros bœufs, constituent ces longues défenses qui lui servent à arracher les racines, et dont, sous le nom d'*ivoire*, on fait tant d'applications en industrie.

Pour la chasse de l'éléphant, on forme dans la forêt une vaste enceinte de pieux, qui se ferme par une trappe. On y conduit un éléphant apprivoisé que l'on fait crier; quelques éléphants arrivent, pénètrent dans la palissade, et la trappe se ferme. On en prend aussi quelques-uns au moyen de grandes fosses couvertes établies sur leur passage.

Les anciens se servaient d'éléphants dans les combats, et souvent ces animaux ont décidé du sort des batailles.

Les rois de Siam ont un éléphant blanc qu'ils logent dans un palais magnifique, gardé par cent officiers. On ne le sert qu'en vaisselle d'or, on ne le promène que sous un dais magnifiquement décoré. La raison de cet appareil est la croyance à la métempsychose.

Dans les vastes steppes de la Tartarie (Turkestan), d'où le cheval est originaire, on trouve encore des chevaux sauvages, que l'on appelle des *tarpaus*.

On en trouve aussi en troupes de plus de dix mille dans les vastes déserts de l'Amérique méridionale.

C'est toujours dans les pays de plaines que ces animaux habitent, et ils se réunissent constamment en familles, conduites par des chefs qui sont toujours à leur tête dans les voyages comme dans les combats, et qui doivent l'autorité dont ils sont revêtus à la supériorité de leur force et de leur courage.

Chaque troupe habite un canton particulier, qu'elle défend comme sa propriété contre toute invasion étrangère. Ces troupes marchent en colonnes serrées; et lorsqu'un objet les inquiète, elles s'en approchent, les chefs en tête, et décrivent autour un ou plusieurs cercles, comme pour l'examiner. Lorsqu'ils ont à résister à l'attaque de quelques grands carnassiers, les seuls animaux qu'ils doivent craindre, ils se réunissent en groupes compactes, et se défendent courageusement par des morsures et des ruades. Si les guides reconnaissent quelque danger et donnent l'exemple de la fuite, tous ces chevaux sauvages les suivent sans hésitation.

Ces chevaux, libres depuis plusieurs générations, sont cependant faciles à dompter. Pour les prendre, on chasse souvent toute une troupe, de manière à la pousser dans un enclos circulaire, construit avec des pieux plantés en terre; puis le chasseur, monté sur un cheval vigoureux et bien dressé, entre dans l'enceinte, ayant à la main un *lasso*, ou longue courroie, fixée par une extrémité à la selle de son cheval , et terminée à l'autre extrémité par un nœud coulant.

Le cavalier lance ce nœud autour du cou du plus jeune cheval sauvage qui se présente à lui et l'entraîne au dehors. Au moyen de cordes jetées autour des jambes de l'animal , on le renverse par terre , on lui met dans la bouche une forte courroie de cuir en guise de bride , et on le selle.

Alors un autre chasseur , armé d'éperons très-aigus, le monte et le laisse courir.

Le cheval fait d'abord quelques efforts incroyables pour se débarrasser de son cavalier ; mais l'éperon le met bientôt au galop , et, après avoir couru un temps plus ou moins long , il se laisse ramener au fatal enclos où il a perdu sa liberté. Il est alors dompté. On lui ôte sa bride et sa selle , et on le laisse aller avec les autres chevaux ; car, dès ce moment, il ne cherche plus à fuir, ni à désobéir à son maître.

Le sanglier est la souche primitive et sauvage de notre porc domestique.

Comme Saturne, le sanglier dévore ses enfants , et la femelle, appelée laie, les cache avec soin pour les soustraire à la voracité du père. Cependant, lorsque les temps sont durs et que les glands sont rares, la laie elle-même ne se fait guère scrupule de manger un petit ou deux.

Les sangliers vivent en tribus ou familles, qui résistent en corps à toutes les agressions des chiens et des loups, les plus forts se plaçant à la circonférence pour repousser l'attaque, et les plus faibles se mettant à l'abri dans le centre.

Ces tribus de sangliers labourent profondément la terre pour y chercher des racines, dévastent les vignes et les champs de blé.

On les chasse à l'affût, au piége, au filet, ou à force ouverte avec des chiens qui tiennent du mâtin et du bouledogue. Le sanglier vit jusqu'à trente ans, et conserve jusqu'à la fin sa force, sa hardiesse et son intrépidité.

Les pauvres, qui font en général un grand usage de glands pour l'engrais du porc domestique, doivent savoir en tirer le meilleur parti possible. Pour rendre les glands plus nutritifs et meilleurs, on les jette dans une fossé creusée à cet effet, et on les couvre de terre après les avoir arrosés. Il faut les laisser ainsi jusqu'à ce qu'ils soient germés. Alors, on les donne à manger, délayés dans de l'eau.

VII.

LES RONGEURS.

Cette famille, dont le type est le rat, comprend une foule de petites espèces, dont les formes, les mœurs et l'organisation se rapprochent plus ou moins de cet animal.

Nous ne parlerons que des principaux : l'écureuil, la marmotte, le campagnol, le castor et le lièvre.

L'écureuil est le plus joli petit quadrupède de nos bois ; il est répandu dans les parties froides et tempérées de l'ancien monde.

Ses mœurs sont assez curieuses. Pendant une partie

de la journée ; il reste caché dans un nid sphérique, qui est construit avec beaucoup d'art sur les branches les plus élevées des plus grands arbres.

Vers le soir, on le voit sauter de branche en branche avec une grâce et une agilité extrêmes.

Ils ne s'engourdissent pas en hiver et ont l'instinct d'amasser, pendant l'été, les provisions nécessaires à leur subsistance pendant l'hiver.

Ils se nourrissent de noisettes, de glands, d'amandes, et cherchent toujours le moyen de cacher ce qui leur reste. Le tronc d'un arbre creux devient ordinairement leur magasin ; ils font plusieurs réserves dans des cachettes différentes, et ils savent très-bien les reconnaître, même sous la neige, qu'ils écartent avec leurs pattes.

La marmotte est connue de tout le monde ; car les petits Savoyards qui viennent dans nos villes mendier leur existence, en promènent souvent dans nos rues.

Cet animal est à peu près de la taille d'un lapin, et son pelage est d'un gris roussâtre avec des teintes cendrées vers la tête. Il habite les Alpes à une hauteur considérable ; son terrier se trouve en général immédiatement au-dessous des neiges perpétuelles, et c'est là que les montagnards vont le chercher pendant l'hiver, lorsqu'il est endormi et roulé dans son lit de foin.

En général, on trouve plusieurs marmottes dans le même terrier, qu'elles ont soin de bien garnir de foin, et dont elles bouchent l'entrée avec de la terre à l'approche de la saison froide ; elles vivent en société et ne s'éloignent jamais beaucoup de leur retraite. On assure que, lorsque la troupe est dehors, elles placent toujours au sommet d'un rocher voisin une sentinelle qui, par un sifflement aigu, avertit ses compagnes de l'approche du danger. Leur peau est employée comme fourrure de bas prix, et les montagnards mangent leur chair.

Le campagnol, de la taille d'une souris, est bien connu dans les campagnes par les ravages qu'il y cause. Il n'entre pas dans les maisons et choisit de préférence les jardins et les champs, où il trouve des grains, où il se creuse une demeure souterraine, composée de plusieurs cellules en communication entre elles, et ayant diverses issues. En hiver, il se retire dans les bois.

Quand ils envahissent un champ de céréales, ils en deviennent les maîtres. Ils détruisent la semence que l'on met en terre et celle qui vient de mûrir.

On n'a aucun moyen de s'opposer à leurs ravages, et l'on ne peut travailler utilement à leur destruction qu'à l'époque des labours et des semis.

On peut dresser des chiens à en faire la chasse. Les cultivateurs soigneux font suivre la charrue, en second labour d'automne, par des enfants qui, avec un faisceau de baguettes, tuent tous ceux que le soc amène au jour. C'est lorsque l'été est sec qu'ils sont le plus à craindre; heureusement qu'ils ont des ennemis redoutables, tels que les oiseaux de proie, les renards, les chats, les fouines et les belettes, qui leur font une guerre perpétuelle.

Les castors, dont la vie est tout aquatique et qui sont de véritables architectes, vivent dans le voisinage des lacs et des fleuves. Ceux du Canada se distinguent entre tous les autres par leur industrie.

L'été, ils se retirent dans les terriers qu'ils se creusent sur le rivage; mais pendant l'hiver, ils habitent dans des huttes construites sur le bord et au milieu des eaux.

Leurs fortes incisives leur servent à couper toutes sortes d'arbres, qu'ils ont soin de prendre au-dessus du point où ils travaillent, afin que le courant des eaux les amène au point où ils ont d'abord établi une digue formée de branches entrelacées et crépies d'un enduit épais et solide.

Ils construisent leurs huttes contre la digue. Chaque

hutte a deux étages : le supérieur, à sec, pour les
animaux; l'inférieur, sous l'eau, pour les provisions
d'écorces dont ils se nourrissent. Il n'y a que cet étage
qui soit ouvert au dehors, et la porte donne sous l'eau
sans avoir de communication avec la terre.

Les travaux des castors ne se poursuivent que la
nuit, mais ils se font avec une rapidité étonnante.
Lorsque la saison des neiges approche, ces animaux
se rassemblent en grand nombre et se mettent à réparer
les huttes qu'ils avaient abandonnées au printemps, ou
à en construire d'autres.

Les lièvres sont communs en Angleterre, en Suède,
en Allemagne. L'Autriche fournit tous les ans un mil-
lion de peaux, et en Crimée le commerce en est
considérable. Dans l'Asie Mineure et en Égypte, on en
élève par milliers. Le sol de notre France seul se fait
tous les jours plus inhospitalier pour ces animaux.

Pendant l'été, les lièvres se tiennent assez dans les
champs, dans les vignes pendant l'automne, et pendant
l'hiver dans les buissons et dans les bois.

Les lièvres et les lapins ne sympathisent pas entre
eux, et on les voit rarement se multiplier dans un
voisinage réciproque.

Il paraît que, malgré leurs grands yeux, les lièvres

ont la vue faible ; tapis pendant le jour dans leur gîte, qu'ils arrangent de manière à ce qu'ils y reçoivent l'hiver le soleil du midi, et l'été la brise du nord, ils dorment beaucoup ; mais le moindre bruit les fait fuir.

C'est pendant la nuit, au clair de la lune, qu'ils vont faire leur repas. Ils se nourrissent d'herbes, de racines, de feuilles, de fruits et de graines. L'influence du terrain et du climat apporte de grandes différences à leur couleur et à la saveur de leur chair. Ceux qui paissent le serpolet et les autres herbes fines, sur les collines élevées, ont sur tous les autres une supériorité incontestable.

VIII.

LES CÉTACÉS.

La famille des cétacés comprend des animaux marins gigantesques : les baleines, les cachalots, les dauphins, les narvals, les marsouins et les lamantins.

La baleine atteint en longueur jusqu'à vingt-cinq mètres sur une circonférence de dix à douze mètres, et pèse jusqu'à cent mille kilos. Sa gueule a de deux à trois mètres de largeur sur trois à quatre mètres de hauteur intérieurement. Sous sa peau s'étend une couche très-épaisse de tissu lardacé dont on extrait jusqu'à quatre-vingts quintaux d'une huile très-précieuse pour l'industrie.

Pour s'emparer d'un animal si redoutable, un pêcheur

expérimenté, monté sur une barque légère, s'en approche avec précaution pendant son sommeil, et lui lance un harpon près d'une nageoire pectorale. La baleine surprise plonge aussitôt, emportant avec elle le fer du harpon, qui suit l'animal jusqu'au fond de la mer. Bientôt la baleine reparaît pour respirer; on la frappe encore et on répète les coups jusqu'à ce qu'elle soit affaiblie et meure. Elle est ensuite traînée aux vaisseaux ou au rivage, où on la dépèce pour en mettre la graisse dans des tonneaux. L'huile de la baleine entre dans la fabrication des savons noirs, du goudron, et dans la préparation des cuirs.

Le cachalot, dont les dimensions égalent celles de la baleine, donne une espèce d'huile qui se fige par le refroidissement, et qui est connue dans le commerce sous le nom de *blanc de baleine*. C'est aussi dans les intestins du cachalot qu'on trouve la substance appelée ambre gris.

Les cachalots, qui voyagent en troupes immenses de deux à trois cents individus, se rencontrent surtout dans le Grand-Océan. Ils poursuivent avec acharnement les jeunes baleines, les phoques, les requins; l'homme n'est point à l'abri de leurs attaques, et la pêche de ces cétacés passe pour très-dangereuse.

Le dauphin, que l'on trouve dans toutes les mers et quelquefois dans les fleuves, n'atteint pas plus de deux mètres de long. Il suit les navires, semble lutter de vitesse avec eux, et étonne les passagers par la variété, l'agilité et la singularité de ses mouvements.

Le narval, long de cinq à six mètres, est remarquable par une dent en forme de corne droite, sillonnée en spirale et souvent longue de trois mètres.

Ces cétacés habitent les mers du Nord, entre le Groënland et l'Islande. On les pêche surtout pour leur dent, qui fournit un bel ivoire.

Les marsouins, dont les plus gros atteignent quelquefois huit mètres, se trouvent dans les mers de l'Europe, dans l'Atlantique aussi bien que dans la Méditerranée. Il est assez commun sur nos côtes et remonte quelquefois les fleuves. Il vit en troupes. La chair du marsouin a un goût assez désagréable ; cependant elle sert de nourriture chez quelques peuples du Nord. Les marsouins donnent une grande quantité de graisse, qu'on utilise dans l'industrie.

Les lamantins se trouvent dans les mers des pays chauds. Ceux que l'on voit à l'embouchure de l'Orénoque et de la rivière des Amazones ont reçu les noms vulgaires de *bœuf marin*, *sirène*, etc. Ils atteignent la taille de six mètres de longueur et peuvent peser jusqu'à quatre mille kilos. Ils sont d'un naturel fort doux, vivent en troupes et remontent souvent les fleuves à une grande distance. Leur chair est excellente à manger, leur lait a une saveur agréable, et leur graisse, qui est fort douce, se conserve très-bien.

IX.

LES GALLINACÉS.

Après avoir étudié les principaux quadrupèdes et les cétacés, il nous faut examiner les oiseaux les plus intéressants.

La famille des gallinacés, ayant pour type le coq domestique (en latin *gallus*), comprend le faisan, la pintade, le paon, la perdrix, la caille, le hocco, la colombe, la poule, le dindon et le pigeon.

On croit que le coq domestique descend de l'une des

espèces qui, de nos jours, se trouvent encore à l'état sauvage dans les montagnes de l'Hindoustan et dans l'île de Java (Océanie).

Les faisans, qui se distinguent par leur longue queue, appartiennent également à l'Asie. L'espèce la plus anciennement connue se trouve à l'état sauvage dans le Caucase, et dans les plaines couvertes de jonc qui avoisinent la mer Caspienne.

Ces animaux se nourrissent de grains, de baies et d'insectes, se plaisent dans les plaines boisées et humides, passent la nuit perchés au haut des arbres et nichent dans les buissons.

Les pintades sont originaires de l'Afrique, où elles vivent en grandes troupes. Pendant le moyen-âge, comme la race s'en était perdue en Europe, elle nous fut apportée de nouveau par les Portugais, à l'époque de leurs premières navigations sur les côtes d'Afrique.

Ces oiseaux sont criards, vifs, turbulents, querelleurs ; ils tyrannisent les autres oiseaux de basse-cour ; et on renonce souvent à les élever, bien que leur chair soit excellente et leur fécondité extrême.

Les paons, si connus par le luxe et la beauté de leur

plumage, sont originaires de l'Inde, et ont été portés en Europe par Alexandre. Dans leurs forêts natales, les paons se tiennent dans les fourrés les plus épais et les plus élevés, et déposent leurs œufs à terre dans un trou soigneusement caché. On a prétendu que le paon pouvait vivre cent ans, mais il ne dépasse guère vingt-cinq ans.

Les perdrix vivent dans les parties tempérées de l'Europe, où elles se tiennent en troupes jusqu'au mois d'avril. Les petits courent dès leur naissance et vivent avec leurs parents jusqu'au printemps suivant.

La perdrix grise se plaît dans les pays de plaines, où elle peut trouver, soit de grandes prairies, soit des champs semés de blé. La perdrix rouge, un peu plus grosse, ainsi appelée à cause de la couleur de ses pieds et de son bec, se tient de préférence sur les collines et les endroits élevés. Elle est assez répandue dans le midi de la France, mais rare dans le nord.

Les cailles sont célèbres par leurs émigrations. Elles nous quittent chaque année pour traverser la Méditerranée et passer l'hiver en Afrique. Quand elles rencontrent sur leur route une île ou quelque rocher, elles en profitent pour s'y reposer. Excepté aux époques de voyage, elles vivent isolées dans les champs, jamais dans les bois, et se nourrissent de graines et d'insectes.

Les hoccos, qu'on élève en domesticité dans nos colonies d'Amérique, sont de grands oiseaux de basse-cour. Ils ont beaucoup d'affinité avec les dindons et les coqs, mais nichent sur les arbres.

Le genre colombe comprend le ramier, le biset, la tourterelle et le pigeon. Le ramier nous arrive en mars et émigre en novembre, époque où les vallées des Pyrénées en sont traversées par des troupes nombreuses. Le biset niche de préférence dans les rochers, les vieilles tours et les masures, jamais sur les branches des arbres, comme font les ramiers. La tourterelle fait en même temps retentir les bois de ses plaintifs roucoulements..

Les pigeons de volière peuvent donner sept à huit couvées par an ; mais il faut qu'ils soient abondamment nourris, et pendant toute l'année. Le sarrasin les dispose à la ponte ; ils mangent toute espèce de grains, mais l'avoine a l'inconvénient de percer le jabot des jeunes pigeons.

Les dindons se rencontrent encore à l'état sauvage dans les forêts de l'Amérique septentrionale. Leur éducation est surtout avantageuse dans les pays de frichés et de landes, où ils se nourrissent facilement. C'est dans les prés, les buissons et les haies, que la dinde aime à déposer ses œufs. On doit la surveiller et conserver les œufs dans un lieu frais jusqu'au moment où l'on met à couver.

X.

LES PALMIPÈDES.

Les palmipèdes, ou oiseaux nageurs, ont de larges palmures entre les doigts, ce qui leur permet de nager plus facilement. Les plus importants sont : le cygne, l'eider, le pélican, le canard et l'oie.

Le cygne à bec rouge est celui que l'on élève en domesticité sur nos bassins et nos canaux. La douceur de ses mouvements, l'élégance de ses formes et la blancheur éclatante de son plumage l'ont rendu l'emblème de la beauté et de l'innocence.

A l'état sauvage, il habite les grandes mers de

l'intérieur, surtout vers les contrées orientales de l'Europe. Les cygnes à bec noir habitent les régions septentrionales des deux continents, et, dans les hivers rigoureux, descendent par bandes dans les pays tempérés et se montrent alors sur nos côtes.

L'eider commun, qui est de la taille de l'oie, est célèbre par le duvet précieux qu'il nous fournit et qu'on nomme *édredon*. Il habite les mers glaciales du pôle et abonde surtout en Islande, en Laponie, au Groënland et au Spitzberg; on le trouve communément aux Orcades et aux Hébrides, et même en Suède. Ces oiseaux nichent au milieu des rochers baignés par la mer.

Le pélican, beaucoup plus gros que l'oie et le cygne, a jusqu'à quatre mètres d'envergure, et la poche qu'il possède à la partie inférieure de son bec peut contenir plus de dix litres d'eau. Quelquefois on le voit battre l'eau de ses ailes, comme pour la troubler et effrayer le poisson; et l'on assure que, lorsque les pélicans sont réunis en troupes, ils pêchent en formant un grand cercle, qu'ils resserrent peu à peu pour emprisonner les poissons, jusqu'à ce que, sur un signal, ils frappent l'eau tous en même temps, et, à la faveur du désordre ainsi produit, plongent et se saisissent de leurs victimes.

Le canard est une des richesses de la basse-cour, et, malgré sa gloutonnerie, il est très-facile à nourrir et à engraisser. C'est dans les buissons, au bord de l'eau et dans les lieux écartés, que la canne aime à déposer ses œufs. Comme la dinde, elle doit être surveillée attentivement. Les canards sauvages sont des oiseaux très-méfiants et qu'il est difficile de surprendre.

L'oie est originaire des contrées orientales de l'Europe, d'où elle se répand pendant l'hiver dans les parties centrales et méridionales. A l'état sauvage, son plumage est d'un gris cendré; mais dans la domesticité, elle prend toutes les couleurs. L'oie, à tout âge, aime à consommer beaucoup d'herbe fraîche et préfère les pâturages sur les bords d'une rivière ou d'un étang.

XI.

LES PASSEREAUX.

L'ordre des passereaux comprend une multitude d'espèces, et notamment tous les oiseaux chanteurs. Les uns vivent d'insectes, d'autres sont granivores, et il en est quelques-uns dont le régime est carnassier.

Les moineaux, répandus dans tout notre continent, sont remarquables par leur audace et leur voracité.

Le pinson, très-commun dans nos campagnes, est

plus vif, plus gai, et chante sur les toits d'une manière plus variée.

Le chardonneret tire son nom de la graine de chardon qu'il recherche de préférence; il niche en général dans les vignes, les pruniers et les noyers, et peut vivre de seize à vingt ans.

La linotte, dont le mâle a un ramage très-agréable, habite les vignobles, les plaines et les lisières des bois.

Le serin des îles Canaries se multiplie si facilement en captivité, qu'on l'a transporté partout.

Le bouvreuil, qui apprend à chanter et même à parler, habite les climats froids et tempérés.

Les mésanges voltigent et grimpent sans cesse sur les branches ou sur les joncs, et vivent de graines et d'insectes.

Les alouettes se plaisent à s'élever perpendiculairement dans l'air à de grandes hauteurs, en chantant d'une voix forte et mélodieuse. Elles vivent dans les plaines; et quand le froid est intense, elles se réfugient sous des rochers et le long des fontaines qui ne gèlent pas.

Les cochevis, qu'on voit souvent sur les chemins,

cherchant des grains dans le crottin de cheval, et la calandre, beaucoup plus grosse, sont des espèces d'alouettes.

Les ortolans arrivent vers le mois de mai dans les parties centrales de l'Europe, et en septembre ils retournent dans les contrées méridionales.

Le corbeau, le plus grand des passereaux d'Europe, vit retiré et se tient presque toujours dans les montagnes couvertes de bois. La corneille, le freux et le choucas (corneille des clochers), fréquentent au contraire les plaines et vivent en troupes.

La pie se plaît dans les lieux habités et se nourrit de tout; elle est très-vorace et attaque même les petits oiseaux de basse-cour.

Les geais vivent par petites troupes dans les bois, et se nourrissent de glands et de noisettes.

La grive, de la grosseur du merle, arrive dans nos climats vers la fin de septembre, et n'y séjourne que très-peu de temps après les vendanges.

Le rossignol de muraille, toujours seul, se pose au printemps sur les édifices élevés, et fait entendre dès l'aube du jour un chant mélodieux.

Le rossignol-fauvette arrive au printemps, et s'enfonce dans les taillis, pour y construire son nid ; et pendant tout ce temps il chante jour et nuit; mais dès le mois de juin, il ne lui reste plus qu'un cri rauque et désagréable.

Les hirondelles, qui nous délivrent de nuées d'insectes destructeurs ou incommodes, nous arrivent d'abord par bandes peu nombreuses ; mais bientôt des masses, dont celles-ci étaient les devancières, se répandent dans les villes et les campagnes. Elles émigrent en automne vers les pays chauds. On les voit alors se rendre par bandes nombreuses sur les bords de la Méditerranée, et, après avoir attendu quelques jours un moment favorable, partir de concert et traverser la mer, s'abattant quelquefois sur les cordages dés navires, et arriver jusqu'au Sénégal, où elles passent l'hiver. Malgré ces longs voyages, ces oiseaux savent, au printemps, retrouver les lieux où ils ont niché.

Les martinets, qui passent leur vie dans l'air en troupes nombreuses, et la salangane, célèbre par ses nids, que les Chinois estiment beaucoup comme aliments, sont de la famille des hirondelles.

Les colibris, remarquables par la beauté de leur plumage, habitent les parties chaudes de l'Amérique, et se tiennent d'ordinaire dans le voisinage des jardins, où ils voltigent de fleur en fleur. C'est à ce genre qu'appartiennent les plus petits oiseaux connus, et en particulier les oiseaux-mouches.

XII.

LES ÉCHASSIERS.

Cet ordre se compose des oiseaux dont les jambes, très-allongées, leur servent pour marcher à gué dans les eaux peu profondes, où ils cherchent leur nourriture. Ce sont : l'autruche, le casoar, les courlis, les ibis, les poules d'eau, les râles, les flamants, les pluviers, les vanneaux, les outardes, les cigognes, les hérons, les grues et les bécasses.

L'autruche est le plus grand des oiseaux et atteint deux mètres et demi de haut. Elle vit en troupes dans les déserts sablonneux de l'Arabie et de toute l'Afrique.

Ses œufs pèsent un kilog. et demi, et cependant elle en pond un nombre considérable qu'elle dépose à terre dans un trou, en abandonnant l'incubation à la chaleur des rayons solaires. Elle est herbivore; mais sa voracité est si extraordinaire, qu'elle engloutit sans choix tout ce qu'elle rencontre, même les pierres, le fer et le verre. Elle court avec une rapidité si grande, qu'elle dépasse les meilleurs chevaux.

Les casoars, de même que l'autruche, acquièrent une taille très-élevée, courent avec une grande vitesse, et ne peuvent se servir de leurs ailes pour voler. Ils habitent l'archipel Indien et la Nouvelle-Hollande.

La cigogne, qui passe l'hiver en Afrique, nous revient au printemps, et c'est au milieu des villes, dans les tours et les clochers élevés, qu'elle établit d'ordinaire son nid.

Comme elle détruit une grande quantité d'animaux nuisibles dont elle fait sa nourriture, elle est partout respectée. Le peuple pense que les cigognes portent bonheur, et l'histoire de ces oiseaux célèbres est remplie de fables nombreuses. On distingue la cigogne blanche, la cigogne noire, qui fréquente les marécages, et la cigogne à sac. Cette dernière vit en troupes dans le Sénégal et à l'embouchure de plusieurs fleuves de l'Inde.

Les hérons, qui vivent sur les bords des rivières ou des marais, restent isolés pendant le jour, mais se réunissent en troupes pour nicher ou pour émigrer.

La nuit, le héron se retire dans les bois de haute futaie et en revient avant le jour. Il place son nid sur le sommet des arbres les plus élevés. Lorsqu'il est attaqué par quelque oiseau de proie, il cherche à échapper à son ennemi en s'élevant le plus possible dans l'air, et son vol est si puissant, que souvent il disparaît à la vue en quelques secondes.

Les grues, originaires du Nord, sont célèbres par leurs voyages périodiques. Elles viennent en automne s'abattre dans nos plaines marécageuses et habitent nos terres ensemencées, puis continuent leur route vers le Sud, d'où elles reviennent au printemps. Les grues nichent dans les terres basses et marécageuses des contrées septentrionales. Elles voyagent en troupes nombreuses ; et quand elles dorment, une d'elles veille pour avertir ses compagnes par un cri d'alarme, lorsqu'un danger les menace.

La bécasse, à peu près de la grosseur de nos perdrix, est répandue dans presque tous les pays. En Europe, ces oiseaux habitent les montagnes pendant l'été, et en automne ils descendent dans les bois mieux abrités ; ils sont alors très gras et recherchés par les chasseurs. Leur naturel est solitaire et sauvage, et ils voient mal pendant le jour ; aussi choisissent-ils la nuit pour chercher leur nourriture.

La bécassine, espèce plus petite, ne fréquente pas les bois, mais se tient dans les endroits bas et marécageux.

Les courlis, qui se tiennent d'ordinaire sur le bord de la mer ou dans les marais, ont le plumage brun, le croupion blanc et la queue rayée de ces deux couleurs. Les ibis ont le bec arqué comme les courlis, mais presque carré à sa base, au lieu d'être arrondi.

La poule d'eau quitte en automne les pays froids et montueux pour descendre dans les plaines basses, et vivre, en général, sur les eaux dormantes. Pendant le jour, elle reste cachée au milieu des roseaux, et ne se hasarde à la chasse que le soir et la nuit.

Le râle arrive et part avec les cailles, dont il ne diffère guère que par la grosseur. Il se tient dans le voisinage des eaux, et court au milieu des herbes avec une grande vitesse. Son nid, qu'il fait dans les champs ou dans les taillis, n'est autre chose qu'un enfoncement creusé en terre et garni de mousse ou d'herbe.

Les flamants sont des échassiers très-singuliers, dont

les mœurs sont aussi remarquables que leur mode de conformation. Ils vivent en troupes, et soit qu'ils se reposent, soit qu'ils pêchent ou qu'ils volent, on les voit toujours alignés comme des soldats. L'un d'eux remplit toujours les fonctions de sentinelle. Ils se plaisent sur les plages humides et au bord des marais. Ils volent à la manière des grues et donnent à leur nid la forme d'un cône élevé et tronqué par le haut, sur lequel ils se mettent à cheval pour couver les œufs. Ces grands oiseaux, dont le plumage est d'un beau rose, se trouvent en Afrique et en Asie, et arrivent souvent en troupes nombreuses sur nos côtes méridionales.

Les pluviers, dont le nom vient de ce que chez nous ils ne sont que de passage, et se montrent surtout à l'époque des pluies du printemps et de l'automne, vivent ordinairement en troupes nombreuses et fréquentent les bords de la mer, les marais et les embouchures des fleuves. On voit souvent, sur la plage, le pluvier doré pousser un petit cri en frappant le sable humide de ses pieds, pour mettre en mouvement les vers et les autres petits animaux marins dont il se nourrit.

Les vanneaux, qui ressemblent beaucoup aux pluviers, arrivent en France par grandes troupes vers le commencement de mars. Leur vol est puissant et élevé ;

et, en s'élevant de terre, ils poussent un petit cri sec, dont les mots *dix-huit* rendent assez bien le son. Vers la fin d'octobre, les familles de vanneaux, dispersées jusqu'alors dans les champs marécageux, se rassemblent en bandes de cinq à six cents individus, et émigrent vers le Sud.

Les outardes, dont le plumage est jaune avec traits noirs sur le dos, sont des oiseaux lourds et massifs, et atteignent souvent la grosseur de l'oie commune. Elles se plaisent dans les plaines rocailleuses et sablonneuses de l'Allemagne et de l'Italie. Pendant l'hiver, on en voit assez communément dans le nord de la France.

XIII.

LES RAPACES.

Cet ordre comprend tous les oiseaux de proie diurnes et nocturnes : vautour, faucon, hobereau, émérillon, crécerelle, aigle, autour, épervier, milan, buse, hibou.

Les vautours, dont la tête et le cou sont complètement nus, ont des ailes si longues, qu'en marchant ils sont obligés de les tenir à demi étendues. Leur vol est lent, mais ils s'élèvent à des hauteurs prodigieuses, et c'est en tournoyant qu'ils montent et qu'ils descendent dans l'air.

Ils sentent à des distances considérables les cadavres

dont ils se nourrissent. Ils sont d'un naturel lâche et vivent en grandes troupes. Les vautours se montrent dans toutes les contrées, mais habitent principalement les régions équatoriales et tempérées. Ils se plaisent surtout dans les lieux les plus sauvages et établissent leur demeure sur quelque rocher inaccessible, près de la mer ou sur le bord d'un torrent.

Le faucon, à peu près de la grosseur d'une poule, est assez commun dans presque toutes les parties chaudes et tempérées de l'Europe. Il recherche partout les rochers et les montagnes dont il ne descend que pour chasser la proie qui lui manque sur ces hauteurs. Un faucon de Jacques Ier, roi d'Angleterre, a vécu cent quatre-vingts ans. Le faucon se laisse dresser à la chasse : c'est ce qui a donné lieu à la fauconnerie, distraction aujourd'hui abandonnée.

Le hobereau est presque de moitié plus petit que le faucon. Il est assez commun en France et se trouve jusqu'en Sibérie. Sa demeure ordinaire est dans les bois voisins des champs, et il niche sur les arbres élevés.

L'émérillon, qui n'est guère plus grand qu'une grosse grive, niche dans les rochers, sur les montagnes boisées, et se nourrit, comme le hobereau, d'alouettes, de cailles et autres petits oiseaux.

Les crécerelles, dont le nom vient du cri aigu qu'elles répètent fréquemment lorsqu'elles planent dans l'air, sont un peu plus grandes que le hobereau. On les connaît sous le nom d'émouchets. Ces oiseaux habitent les bois et se cachent souvent dans les masures et les clochers. Leur nourriture consiste en souris, grenouilles, mulots, lézards et petits oiseaux qu'ils prennent perchés.

L'aigle, de la grosseur d'une oie, a un vol élevé et rapide, des serres puissantes, une force musculaire très-grande et un courage à toute épreuve. Ces oiseaux sont sombres et farouches; ils vivent par paires au milieu des rochers et ne souffrent le voisinage d'aucun autre oiseau de proie. Ils se nourrissent de gros oiseaux, de lièvres, d'agneaux, et même de jeunes cerfs. Leur vue perçante leur permet de voir leur proie à de grandes distances, et c'est avec l'impétuosité d'un trait qu'ils fondent sur elle pour la déchirer.

L'autour, dont le plumage est brun en dessus et blanc en dessous, est commun en France et se trouve jusqu'en Sibérie et en Afrique. Il fréquente les montagnes basses et boisées et niche sur les arbres les plus élevés.

L'épervier a les mêmes couleurs que l'autour, mais il est plus petit. On le trouve dans presque toutes les parties du monde. Il se nourrit de petits oiseaux, de souris et même de limaçons, tandis que l'autour prend en outre des écureuils et des levrauts.

Les milans se distinguent par leurs ailes extrêmement longues et leur queue fourchue. Ces oiseaux volent avec une rapidité et une élégance extrêmes en décrivant des cercles, et semblent nager dans l'air ; cependant, ils ne saisissent pas leur proie à tire-d'aile, mais se rabattent dessus lorsqu'elle est posée à terre ou sur quelque élévation. Ils ne chassent que les petits mammifères, le menu gibier ou même les insectes seulement, et la faiblesse de leurs armes les rend singulièrement lâches.

Les buses, dont l'aspect triste et stupide leur a valu une certaine célébrité, guettent d'ordinaire leur proie, placées en embuscade sur un arbre.

Les hiboux sont des oiseaux de proie qui supportent difficilement l'éclat de la lumière du jour, et c'est après le coucher du soleil et pendant la nuit qu'ils chassent les insectes, les oiseaux et les petits quadrupèdes dont ils se nourrissent.

Pendant le jour, ils se tiennent ordinairement immobiles et se cachent dans quelque réduit sombre, tel qu'une masure ou le creux d'un vieil arbre.

Les plumes de leurs ailes sont flexibles, disposition

qui diminue la puissance de ces organes, mais qui est cependant utile aux chouettes, en leur permettant de voler sans bruit et de s'approcher ainsi de leur proie sans être entendues.

Après le coucher du soleil, ils sont la terreur des petits oiseaux; mais pendant le jour, on voit souvent les pinsons et les mésanges se réunir en grand nombre autour d'une chouette blottie sur quelque branche, et la harceler avec acharnement. Et l'on voit alors l'oiseau de nuit prendre des postures bizarres et ridicules.

Le cri du hibou est lugubre; cette circonstance, jointe à l'heure où il se fait d'ordinaire entendre, y a fait attacher par le vulgaire des idées superstitieuses. Cependant ces oiseaux rendent réellement des services à l'agriculture, par la destruction des mulots et des souris.

XIV.

LES GRIMPEURS.

Cette famille comprend les perroquets, les coucous, les pics et les toucans.

Les perroquets, qui parviennent à imiter la voix humaine, se servent de l'une de leurs pattes pour porter les aliments à leur bouche, pendant qu'ils restent perchés sur l'autre pied. A l'état sauvage, ils vivent en troupes plus ou moins nombreuses, se tiennent sur les bords des ruisseaux et prennent plaisir à se baigner plusieurs fois le jour.

Les coucous arrivent en France vers le mois d'avril

et passent en Afrique en automne. Leurs mœurs offrent une particularité singulière. La femelle dépose ses œufs un à un dans les nids étrangers, et a l'instinct de choisir celui d'un oiseau qui nourrit ses petits avec des aliments convenables au jeune coucou, comme la fauvette, la grive, le merle; et, chose étonnante, la couveuse devient pour ces intrus une mère tendre et infatigable, quoiqu'ils la privent de ses propres petits en les rejetant du nid dont ils usurpent la place.

Les pics se nourrissent principalement de fourmis, qu'ils prennent en frappant avec leur bec sur l'écorce, ou en introduisant dans les fentes leur langue constamment imbibée d'une salive gluante.

Les toucans, oiseaux d'Amérique, sont remarquables par un énorme bec, qui dans quelques espèces est aussi long que le corps entier.

Les oiseaux classés dans ce genre ne se trouvent que dans les contrées les plus chaudes de l'Amérique, se nourrissent de fruits, vont ordinairement par petites troupes de six à dix, ont le vol lourd et d'une pénible exécution; cependant ils peuvent s'élever à la cime des plus grands arbres, où ils aiment à se percher, et sont toujours dans une agitation continuelle.

Les jeunes s'apprivoisent et s'élèvent aisément, car

ils se nourrissent de tout ce qu'on leur donne , fruits , pain, chair, poisson ; ils saisissent les morceaux qu'on leur offre avec la pointe de leur bec , les lancent en haut et les reçoivent dans leur large gosier ; mais s'ils les cherchent à terre , ils ne les prennent ordinairement que de côté , et les font de même sauter en l'air.

XV.

LES INSECTES.

L'histoire naturelle des insectes offre des curiosités merveilleuses. Il en est qui vont à la guerre armés de piques, de lances et de dards; il en est qui arrivent à la défense avec des boucliers, des casques et des visières; il en est qui vivent en république ou en monarchie absolue, se bâtissent des métropoles, entretiennent une police, et ont avec les insectes voisins des traités de paix et de guerre.

Quoi de plus merveilleux que les produits des travaux de l'abeille? La géométrie la plus savante semble avoir présidé à la construction des alvéoles destinées à recevoir le sirop ou nectar que les travailleuses vont cueillir sur les fleurs.

Les fourmis ont de tout temps, chez les anciens surtout, été l'objet d'une sorte de vénération, moins pour leur industrie, qui n'est pas à comparer avec celle de beaucoup d'autres insectes, qu'à cause de l'instinct de prévoyance qui les porte à former des magasins, d'où elles tirent de quoi vivre pendant l'hiver.

Les araignées, bien moins vantées que les fourmis, sont tout aussi économes et beaucoup plus industrieuses. Leurs toiles, la manière dont elles sont filées, tissées, tendues, l'usage auquel l'insecte les destine, font l'admiration du naturaliste observateur.

Mais de toutes les industries des insectes, il n'en est pas de plus riche et de plus utile que celle du ver à soie.

XVI.

LES CÉRÉALES.

Nous venons d'étudier les animaux les plus curieux et les plus utiles. Mais les plantes ont aussi leur intéressante histoire, et leur utilité pratique est encore plus immédiate.

Les céréales, dont le nom vient de Cérès, déesse des blés, réunissent toutes les plantes qui sont la base de la nourriture de l'homme et des animaux domestiques.

Les principales nous sont connues au moins de nom ; ce sont : le froment, dans les climats tempérés ; concurremment avec lui ou un peu plus au nord, l'orge, le seigle, le sarrasin, l'avoine ; plus au midi, le maïs, le riz et le sorgho.

La séve de beaucoup de graminées contient le sucre en dissolution ; c'est surtout de la canne des Amériques et de l'Inde qu'on l'extrait avec avantage.

La présence du sucre détermine la fermentation, par suite de laquelle sont produits divers liquides alcooliques, recherchés pour la boisson et plusieurs autres usages de l'homme.

C'est ainsi que le rhum et le tafia sont obtenus du jus de canne ; l'arack, du riz, et la bière, de l'orge.

Le froment, la plus précieuse des céréales, produit le grain dont on fait le pain. Cette plante demande un sol plus argileux que sableux et ayant une certaine consistance. Des labours trop nombreux seraient nuisibles dans une terre légère. On en donnera trois ou quatre dans une terre argileuse, moins dans une terre plus légère, et quelquefois un seul après le trèfle qu'on enterre. Dans un sol d'une grande fertilité, il est bon de répandre le fumier pour la récolte qui précède. Quant à la semence, on en met plus dans un mauvais sol que dans un sol fécond, où chaque pied donne des tiges nombreuses.

Le seigle, après le froment, est la céréale qui donne

la meilleure farine et la plus propre à être convertie en pain. Il donne une moisson plus abondante, et il a l'avantage de croître dans les terres légères où le froment ne prospérerait pas.

Cependant, comme le blé lui est toujours bien supérieur et se vend à un prix beaucoup plus élevé, on ne doit conserver au seigle que les terrains arides, sablonneux, qui ne sont pas propres à la culture du froment.

Quand on sème le seigle pour le donner comme nourriture verte, il offre une récolte précieuse, dès la sortie de l'hiver, aux bestiaux qui manquent alors de nourriture fraîche.

L'orge n'est pas difficile sur le choix du terrain. Le sol doit être préparé par de bons et profonds labours, car les racines de l'orge plongent plus que celles des autres céréales : la graine demande à être enterrée dans la poussière, c'est-à-dire dans une terre sèche et bien préparée.

En fourrage vert, l'orge rafraîchit ; mais on ne doit la donner que vingt-quatre heures après qu'elle a été coupée ; en grain, elle est plus nourrissante et moins échauffante que l'avoine. Trempée dans l'eau et mieux encore en farine, elle donne aux vaches un lait abondant, engraisse les bœufs et les volailles.

On ne saurait donc trop recommander une culture plus étendue de l'orge, qui sert à tant d'usages, et notamment à la nourriture de l'homme.

L'avoine aime les terrains frais et substantiels, les sables gras, les terres fortes. Un labour d'hiver lui est très-favorable, puisqu'il conserve plus facilement à la terre cette fraîcheur qu'aime l'avoine.

De toutes les manières de semer, la plus avantageuse paraît être de semer sur le labour et d'enterrer à la herse.

Un point très-important, surtout dans les terres compactes, c'est de herser l'avoine à sa seconde feuille et par un temps sec.

Le sarrasin se plaît surtout dans les terres sablonneuses et légères ; il ne doit être exclu que des terres froides et humides.

Comme il redoute les gelées, on ne le sème qu'au printemps, lorsqu'elles ne sont plus à craindre. Dans les pays chauds, on ne le sème même que l'été, en seconde récolte après les céréales, et la rapidité de sa croissance permet d'en obtenir les produits dans la même année.

Comme toutes les graines de sarrasin n'arrivent pas

en même temps à maturité, l'art du laboureur consiste
à choisir le moment où la tige est couverte de plus de
graines ayant atteint leur maturité, et à ne couper les
tiges que le matin, lorsqu'elles sont humectées par la
rosée, en raison de la facilité avec laquelle ces graines
se détachent. Employée à l'engrais des volailles, cette
graine leur procure une graisse plus fine et plus savou-
reuse.

Le maïs est non-seulement cultivé pour ses graines,
mais encore comme plante fourragère. Toute terre,
pourvu qu'elle soit profonde, bien travaillée et suffisamment améliorée, convient à la culture du maïs.

On le sème dans le courant d'avril dans le midi de la
France, et au nord dans les premiers jours de mai. Il
craint les gelées dans sa jeunesse ; c'est pourquoi il est
prudent de ne le semer que quand le sol est suffisamment réchauffé.

Biner le maïs à contre-temps, c'est-à-dire pendant
les fortes chaleurs ou pendant un temps humide, c'est
l'exposer à périr.

La meilleure manière d'employer le maïs pour l'engrais des bestiaux ou des volailles, c'est de le leur
donner en farine, souvent mélangée avec du son et
délayée dans de l'eau chaude.

Le sorgho commun est cultivé dans quelques départements pour la fabrication de balais estimés.

Le sorgho *bicolor*, millet d'Afrique, est l'aliment d'une grande partie des habitants de ce pays. On le mange, soit cuit à l'eau, au lait ou au bouillon, comme le riz. Ses graines sont très-propres à l'engrais des volailles.

Le riz se cultive dans les lieux humides, marécageux ou inondés, et dans les pays chauds. Les campagnes du Piémont en sont couvertes. Ce grain tient lieu de pain aux Indiens, et donne un aliment très-sain.

XVII.

LES ROSACÉES.

La grande famille des rosacées comprend, outre les rosiers, qui en forment le genre type, une foule de végétaux remarquables, et notamment la plupart de nos arbres fruitiers : pommier, poirier, cognassier, néflier, cormier, cerisier, prunier, abricotier, amandier, pêcher. On y fait aussi quelquefois entrer le framboisier et le fraisier.

Le pommier sauvage croît en abondance dans les bois naturels de la France, dont le sol est profond et humide. En greffant sur sauvageon, on obtient des arbres qui donnent plus tard leurs fruits, mais qui durent plus longtemps , et produisent une récolte plus abondante.

La greffe sur un sujet venu des espèces cultivées donne des arbres de peu de durée, mais qui se couvrent plus tôt d'une récolte de fruits dont la saveur est plus délicate.

On ne doit pas tourmenter par la taille les pommiers en plein vent; supprimer les branches mortes et les branches gourmandes , voilà tout ce que doit faire le cultivateur.

Le poirier peut être reproduit par le semis ; mais il faut attendre de longues années pour en obtenir des fruits ; c'est pourquoi on préfère le greffer sur cognassier.

Le poirier se prête à toutes les formes qu'on peut lui donner par la taille.

On taille court les poiriers très-fertiles ; on taille plus long ceux qui se mettent difficilement à fruits. Le poirier se trouve très-bien de recevoir tous les quatre ou cinq ans une couche de fumier bien consommé, qu'on enterre autour de ses racines.

Le cognassier est un arbre du genre poirier, cultivé pour son fruit, et plus souvent pour servir à la greffe d'autres espèces de poiriers.

On peut multiplier cet arbre par rejetons des racines

arrachées pendant l'hiver, et par boutures, qui réussissent fort bien dans un sol frais et léger. Le poirier greffé sur cognassier donne des fruits dès la quatrième année, tandis que, greffé sur sauvageon, il n'en donne qu'à la dixième année.

L'abricotier se multiplie par ses noyaux, qu'on sème presque aussitôt après qu'on a cueilli le fruit, à bonne exposition et de préférence à celle du levant. Les enfants eux-mêmes peuvent planter, s'ils veulent plus tard faire une agréable surprise à leurs parents.

On greffe les abricotiers sur pruniers, mais de préférence sur le damas rouge ; leur fruit alors est plus succulent.

Le pêcher aime une terre profonde, chaude et un peu sablonneuse. Dans le midi de la France, on le multiplie de semis ; dans d'autres pays, on le greffe sur amandiers ou sur pruniers. Pour semer les noyaux, on procède comme pour ceux de l'abricotier.

Plus que les autres arbres, le pêcher réclame une taille intelligente, qui ne conserve que les branches nécessaires, pour que l'arbre ne s'épuise pas à pousser trop de bois. Et pour que le pêcher ne s'emporte pas trop en hauteur, on courbe fortement les branches et on dispose l'arbre en espalier.

Pour obtenir des pruniers destinés à la greffe, on conserve les noyaux pendant l'hiver et on les sème au printemps. Dès la première année de plantation, une partie de ces plants sont bons à greffer à cinq ou six pouces de terre. On réserve les plus droits et les plus vigoureux pour les greffer, les années suivantes, à six pieds de terre environ, et former ainsi des arbres à plein vent.

Tous les sols conviennent aux cerisiers, excepté ceux qui sont trop aqueux. La majeure partie se multiplient par leurs noyaux ou par les rejetons qu'ils poussent. On les greffe sur eux-mêmes, mais de préférence sur merisiers ; alors ils forment des arbres plus beaux et plus durables.

Parmi les diverses espèces de cerisiers, le merisier paraît être le plus important. La belle couleur rouge de son bois, qui devient plus vive lorsqu'on le met quelques jours dans de l'eau de chaux, le rend précieux pour les travaux de menuiserie.

L'amandier, qui demande une exposition chaude, se multiplie par les semis et par la greffe. Pour semer, on enterre profondément les amandes avant l'hiver ; au printemps, elles ont germé, et c'est ainsi qu'on les plante quand les gelées ne sont plus à craindre.

On fabrique avec les amandes une huile d'une saveur très-douce, employée dans la médecine et la parfumerie. On fait aussi l'orgeat, boisson rafraîchissante.

Le néflier commun s'élève de deux à trois mètres. Ses fruits, pour être bons, doivent être arrivés à un état voisin de la pourriture, que l'on appelle blettissement. Cet arbre se multiplie de graines, de marcottes, et par la greffe, qui se fait sur le poirier, le coguassier ou l'aubépine.

Le cormier ou sorbier domestique, cultivé pour son bois fort recherché par les menuisiers, et son fruit qui donne une boisson comme le poiré, se sème en place. On l'abandonne à lui-même dans les haies et sur les lisières des bois.

Le framboisier, arbrisseau du genre de la ronce, croît naturellement dans les pays de montagnes. On le cultive dans les jardins pour son fruit agréable.

La tige du framboisier meurt, comme celle de la ronce, après avoir donné des fruits pendant trois ou quatre ans. Il faut donc chaque année couper ses vieilles tiges pour provoquer la naissance de tiges nouvelles qui donnent des fruits la seconde année. On le multipie de ses rejetons nombreux, qu'on peut mettre tout de suite en place.

Le fraisier veut des terreaux bien consommés, et rien ne lui est plus favorable que d'être réchauffé pendant l'hiver par une terre neuve. Il se multiplie soit par semis, soit par la plantation des bourgeons enracinés, qu'on met en place dans le courant de mars.

Le rosier, type de la famille des rosacées, et dont on compte plus de six cents variétés, n'exige guère que des labours d'hiver, quelques binages d'été et le retranchement des branches mortes ou épuisées. Les rosiers se multiplient par rejetons, par marcottes, par racines, et surtout par greffes.

XVIII.

LES LÉGUMINEUSES.

De toutes les familles naturelles, celle des légumineuses est une des plus utiles à l'homme et des plus nombreuses du règne végétal.

Les principales sont : le cassier, le séné, le tamarinier, l'indigotier, le campêche, le fernambouc, le trèfle, la luzerne, la sensitive, les haricots, les pois, les fèves, l'acacia. Ce sont les légumineuses qui produisent la gomme arabique, des baumes et la fève de Tonka.

Le cassier, dont le fruit est employé en médecine, est

un arbre de douze à quinze mètres, qui croît en Ethiopie, d'où il a été répandu en Egypte, dans l'Inde, en Chine et en Italie.

Une espèce particulière donne le séné, dont les feuilles et les gousses ont une vertu purgative bien connue de tout le monde.

Le tamarinier, qui s'élève aussi haut que les noyers et donne le tamarin (datte des Indes), croît dans les deux Indes, aux Antilles, dans l'Egypte et l'Arabie. En dissolvant dans l'eau la pulpe de tamarin, on fait une sorte de limonade rafraîchissante.

La sensitive, joli arbuste de soixante centimètres, et originaire de l'Amérique méridionale, se cultive en Europe dans les terres chaudes. Elle doit son nom à la faculté qu'elle a de se montrer sensible au moindre attouchement. C'est une merveille de voir ses rameaux fléchir et les folioles se coucher les unes sur les autres pour s'éloigner de l'objet qui les a touchées. Vers le soir, elle plie ses rameaux et ses feuilles, et semble dormir.

L'indigotier, plante originaire de l'Inde, où elle atteint de 0 m. 70 à 0 m. 60, se trouve aussi à Madagascar, à Maurice, à Bourbon et à Saint-Domingue. Il peut vivre plus de dix ans ; mais les Indiens le renouvellent tous les ans, parce que le plus bel indigo (teinture bleue) ne se retire que des feuilles des jeunes plantes, dont on fait trois récoltes chaque année.

Le campêche, ainsi nommé de la baie de Campêche, croît au Mexique et dans les Antilles ; il nous vient en grosses bûches, et on l'emploie pour la teinture en noir et en violet.

Le fernambouc ou bois du Brésil, d'un rouge brunâtre, est employé pour teindre en rouge pourpre.

L'acacia croît avantageusement dans les terres médiocres, dans les sables humides et dans les argiles caillouteuses. On le multiplie par rejetons et par graines. Ce dernier moyen est le plus facile et donne du plant de meilleure qualité.

On laisse la graine sur l'arbre jusqu'à la fin de l'automne ; on la récolte et on la conserve jusqu'au printemps, époque où on la sème.

Son bois est excellent et très-dur. On en fait des courbes de vaisseaux, des pièces pour les moulins, des cercles et des échalas.

Les haricots demandent de préférence du fumier de bœuf, qui conserve son humidité plus longtemps que celui de cheval. Si on sème avec le maïs, on doit préférer les haricots nains. C'est dans le mois de mai qu'on doit semer les haricots, si on veut qu'ils atteignent leur maturité ; et les mois de juin et de juillet pour les manger verts à l'automne.

Les pois se sèment tous les quinze jours, depuis janvier jusqu'en mai, afin d'en avoir une récolte toujonrs nouvelle. Toute espèce de terre convient à la culture des pois ; mais le fumier leur est très-nuisible, en ce qu'il donne une vigueur de végétation qui nuit à la formation du grain. On y supplée par du terreau et des labours fréquents. En pinçant la tige à sa troisième ou quatrième fleur, on hâte la maturité des fruits, alors noués, et l'on en augmente la grosseur.

Les fèves se sèment d'avril à mai, et souvent en automne, à une bonne exposition, dans un sol frais, bien travaillé et bien fumé. On pince l'extrémité des tiges pour déterminer toute la sève à se tourner au profit du fruit ; mais cette opération ne doit avoir lieu que lorsque les fleurs de la fève sont tombées.

Le trèfle préfère des terres fraîches et légères, mais toutes celles qui ne sont pas très-arides ou très-humides lui conviennent. La terre qui doit être ensemencée en trèfle ne saurait trop être préparée à l'avance par de profonds labours, qui permettent aux racines de pénétrer profondément.

C'est au mois de mars et même dès le mois de février qu'on sème le trèfle, le plus ordinairement avec l'avoine ou sur une céréale d'hiver. Il faut huit à dix kilog. de graine par hectare. Si la graine était trop enterrée, elle ne lèverait pas. C'est pourquoi il faut se contenter, après avoir semé le trèfle, de passer une herse très-légère ; si le temps est humide, on peut même se dispenser du hersage.

La luzerne demande un terrain léger et substantiel, ni trop sec, ni trop humide, et une couche végétale profonde, pour que ses racines puissent s'étendre et pénétrer en liberté. Elle prolongera son existence dans un bon sol pendant vingt ans et dépérira au bout de trois ou quatre ans dans un terrain sans profondeur. On sème la luzerne de préférence au printemps, lorsque les gelées ne sont plus à craindre, avec de l'avoine ou de l'orge, qui abritent le plan dans sa jeunesse et le préservent des ardeurs du soleil. On procède comme pour le trèfle et on emploie par hectare de vingt à vingt-cinq kilog. de grains.

XIX.

LES MALVACÉES.

Les malvacées sont des herbes, des arbrisseaux et quelquefois des arbres qui abondent dans les régions tropicales, surtout en Amérique.

Cette famille comprend la guimauve, la mauve, le cotonnier, le baobab, le bombax et le cacaotier. Toutes ces plantes ont pour genre type la mauve, connue de tout le monde par ses vertus médicales.

La guimauve, plante vivace d'un mètre cinquante à deux mètres de haut, est d'un usage journalier dans les

affections de catarrhe et dans toutes les inflamma-
tions.

Le cotonnier ressemble beaucoup à une grande
mauve, et ses fleurs rappellent celles du lis. Ses graines
sont enveloppées dans un flocon de duvet très-fin, qui
est le coton. Ce duvet se recueille vers la fin de septembre, époque à laquelle les gousses s'entr'ouvrent
pour le laisser échapper.

Après avoir tiré le coton de son enveloppe, on
l'expose au soleil pour le sécher; puis on le sépare de
la graine en le faisant passer entre deux rouleaux de
bois disposés horizontalement l'un au-dessus de l'autre,
et assez rapprochés pour que le coton seul puisse
passer..

Au sortir de la balle où il a été renfermé, le coton
est livré au batteur-éplucheur, qui le nettoie, et au
batteur-étaleur, qui l'étend; puis il est porté sous la
carde, qui l'étire en une espèce de ruban léger et sans
fin; le banc à broches le transforme en un fil délicat;
le dévidoir s'en empare alors pour le céder à l'ourdisseur;
il est enfin reçu par le métier à tisser, qui le croise, le
bat et en fait ces nombreux tissus répandus dans le
commerce.

Le baobab, originaire du Sénégal, est le plus gros

des végétaux connus et le plus remarquable par sa longévité, qui peut aller jusqu'à 4,000 ans. Son tronc, dont la hauteur ne dépasse guère six mètres, atteint souvent trente mètres de circonférence, c'est-à-dire une masse énorme de dix mètres de large. Son écorce a les mêmes vertus que le quinquina.

Le bombax ou fromager, originaire de l'Amérique tropicale, où il atteint de vingt à vingt-cinq mètres, donne un duvet qu'on ne peut filer, parce qu'il est trop court, et dont on garnit des coussins et des meubles. On retire de l'huile de ses feuilles et on mange les semences torréfiées.

Le cacaotier, originaire de l'Amérique du Sud, a le port et l'aspect du cerisier. Son fruit, appelé cacao, est partagé en cinq loges, contenant chacune huit à dix graines de la grosseur d'une fève. On en extrait par la pression une huile blanche et solide, connue sous le nom de beurre de cacao, employé en médecine et en parfumerie.

Le cacao, pilé et broyé avec du sucre, donne le chocolat, qui fortifie l'estomac et répare promptement les forces épuisées.

———

XX.

LES CONIFÈRES.

La famille des conifères se compose en grande partie d'arbres verts et résineux, formant d'immenses forêts dans le nord de l'Europe et de l'Amérique. Tels sont : le mélèze, le pin, le sapin, le cèdre, le cyprès, l'if, le genévrier, le thuya.

Le mélèze peut facilement s'acclimater dans les pays tempérés. On le sème en mars ou en avril. Outre son bois, qui peut se conserver dans l'eau pendant plus de mille ans, le mélèze fournit : de la manne, dont on fait usage en médecine comme purgatif ; de la gomme, qu'on obtient en fendant l'arbre; enfin de la résine, connue dans le commerce sous le nom de térébenthine de Venise.

Le pin, qui donne la résine sèche, s'élève à une grande hauteur, et on peut l'appeler le géant du règne végétal. A cet avantage il joint celui de croître dans les terrains les plus arides, dans les montagnes, sur les côtes escarpées. Sa culture est des plus faciles, et, dans les sols où les herbes ne poussent pas en abondance, il suffit presque de gratter et d'y jeter la semence pour former des forêts qui, avec le temps, enrichissent le sol. On peut le transplanter en tout temps, excepté pendant les gelées et les grandes chaleurs.

Le sapin, à cinquante ans, avec un diamètre d'un pied, atteint quelquefois une hauteur de quarante mètres. Son bois, qui réunit la solidité à la légèreté, est d'un très-grand usage dans la menuiserie, la charpente et la marine. Cet arbre donne aussi la térébenthine, qui se forme sous l'épiderme de l'écorce pendant la circulation de la sève. En la distillant avec l'eau, elle donne l'essence de térébenthine, dont le résidu prend le nom de colophane.

Le cèdre est précieux par sa beauté et l'excellence de

son bois odorant, rougeâtre et incorruptible. Jadis le
cèdre couvrait les hautes montagnes du Liban ; aujour-
d'hui, il y est remplacé par des forêts de châtaigniers.
En revanche, il est assez répandu en Europe. Le fameux
cèdre du Jardin des Plantes, à Paris, est né en Angleterre, d'où il a été apporté en France en 1734, par
B. de Jussieu.

Le cyprès commun ou pyramidal, remarqué par ses
rameaux droits et serrés contre la tige, demande un
climat chaud. Il croît dans les lieux aquatiques aussi
bien qu'au milieu des rochers. Son bois, dur et d'un
grain fin, est regardé comme incorruptible. Le cyprès
est l'arbre des tombeaux, à cause de sa couleur sombre,
qui répand autour de lui un air de tristesse.

L'if, qui peut s'élever de douze à quinze mètres, se
plante aussi autour des tombeaux, à cause de sa ver-
dure triste et permanente. Il croît avec une excessive
lenteur et peut acquérir jusqu'à sept mètres de tour.
Il fut un temps où il faisait partout l'ornement des
jardins, et on le pliait à toutes les formes : colonnes,
arcades, vases, etc., manie ridicule heureusement
passée de mode, car les arbres ne sont beaux que
lorsqu'ils conservent leur liberté.

Le genévrier s'élève de quatre à cinq mètres dans

les lieux arides, où il croît abondamment. Toutes ses parties exhalent une odeur résineuse et aromatique; de ses baies, qui mettent deux ans à mûrir, on extrait une huile essentielle, du vin et de l'eau-de-vie. Le genévrier de Virginie, dont le bois, d'une jolie couleur rouge, est incorruptible, est employé en Amérique aux constructions. Il s'élève de dix à douze mètres, et mérite d'être propagé par la culture, car il enrichirait les sables arides, les bruyères et les landes incultes où il croît facilement.

Le thuya de Canada, dont les rameaux sont en éventail et forment pyramide, fournit un bois d'un vert foncé, d'une odeur très-forte, qu'on emploie pour la fabrication des meubles et des bateaux.

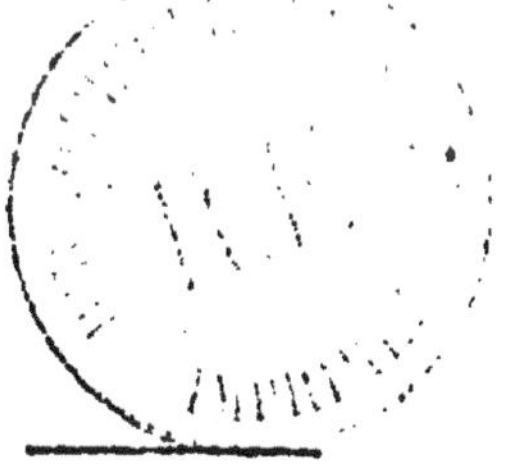

XXI.

LES ULMACÉES.

Cette famille comprend l'aune, le bouleau, l'orme, le peuplier, le platane, le saule.

L'aune croît au bord des eaux et dans les terrains marécageux. Son bois précieux a la propriété de ne pas s'altérer dans l'eau, et il est employé dans la construction des conduits souterrains et des pilotis. On en fait aussi des chaises, des sabots, et les boulangers le recherchent pour leurs fours. Quand on veut faire un semis au bord d'un ruisseau, on remue la terre au printemps et on y répand la graine qu'on a récoltée en automne et conservée dans un lieu frais; mais on a soin de ne pas la recouvrir : ce qui l'empêcherait de germer.

Le bouleau se multiplie de toutes les manières, comme l'aune, et il a l'avantage de croître dans des terres où d'autres arbres ne pourraient être plantés avec succès, tantôt dans les sables arides et brûlés par le soleil, tantôt dans les marais fangeux.

Pour faire un semis, on répand la graine sur le sol, sans l'enterrer, au moment même où elle vient d'être recueillie, et sous l'abri de quelques ombrages. Quand on préfère une plantation, on fait arracher, dans les forêts, les plants de deux ou trois ans, et on les plante sans labourer la terre.

L'orme indigène de nos forêts est non-seulement précieux par son bois, employé à la menuiserie, à la charpente et à l'ébénisterie, mais encore par la facilité de sa culture.

Tous les terrains et toutes les expositions lui conviennent ; sa croissance est rapide, et ses graines fournissent du plant l'année même où elles ont été récoltées.

Pour semer, on récolte la graine dès qu'elle est tombée, c'est-à-dire vers le mois de mai, en préférant celles des jeunes arbres à celles des vieux, puis on sème aussitôt, dans une terre légère et bien préparée, en ne recouvrant la graine que de quelques millimètres d'épaisseur. On peut attendre pour replanter jusqu'à ce que le plant ait atteint l'âge de cinq ou six ans.

Personne n'ignore combien le peuplier est utile par la rapidité de sa croissance. En plantant des peupliers, on peut espérer de les voir dans leur force et de jouir de leur produit. Dans les sols qui favorisent leur végétation active, le père de famille peut, à la naissance de ses enfants, planter des arbres qui seront un jour leur dot.

On multiplie le peuplier par boutures de deux manières différentes : par plançons de six pieds ou par pousses de l'année. Ces dernières sont de beaucoup préférables. On remue la terre, et, au moyen d'une pioche, on plante les jeunes branches à un pied environ de profondeur et sans en couper les têtes. Le peuplier aime les terres humides et profondes.

Le platane, d'un bois excellent, parvenant à une grandeur monstrueuse, a encore l'avantage d'une croissance rapide. Il se plaît surtout dans un sol profond et frais.

Pour faire une plantation de platanes, il suffit de coucher dans la terre, pendant l'hiver, les branches de l'année précédente. On les relève à l'entrée de l'hiver suivant, et on les transplante dans un lieu convenable.

L'orme a l'avantage de prospérer à l'ombre, et il peut être employé au regarnissage des forêts.

Le saule aime les bords des ruisseaux et les sols marécageux. On l'exploite en têtards, c'est-à-dire que tous les trois ou quatre ans on coupe les branches que le tronc a produites.

A l'âge de quatre ans, le produit des saules est à celui des bois taillis dans le rapport de 4 à 1 ; c'est-à-dire qu'il donne quatre fois plus ; de là l'importance de planter des saules.

Prenez des branches de trois ou quatre ans, longues de six à huit pieds, aiguisez-les par le bout, mais de façon à conserver d'un côté toute l'écorce, et enfoncez-les ainsi dans la terre avant ou après l'hiver, et votre plantation est faite.

L'osier, qui est une variété de saules, se multiplie uniquement par boutures. Après avoir préparé son terrain, on se contente de couper à un pied ou deux les plus gros bouts des jets les plus gros, et on les met en terre, ne laissant dehors que trois ou quatre pouces au plus. Toutes les saisons sont bonnes pour cette opération, excepté les chaleurs de l'été.

XXII.

LES CUPULIFÈRES.

Cette famille, ainsi nommée à cause de l'espèce de
coupe qui enveloppe le fruit (gland, noisette), renferme des arbres et des arbrisseaux communs dans nos
forêts, tels que le chêne, le châtaignier, le hêtre, le
charme, le coudrier.

Le chêne croît presque dans tous les terrains, mais
il préfère un sol frais et profond ; c'est là qu'il parvient
à toute sa hauteur et qu'il vieillit pendant des siècles.
Il n'aime pas à être planté seul, et il pousse plus vive-
ment mêlé avec d'autres arbres. C'est par le semis
qu'on multiplie le chêne ; on choisit les glands les plus

gros, les plus pesants et les plus colorés. On les sème dans le mois de la récolte ou au printemps, dans une terre labourée à la charrue, en les espaçant de huit pouces environ. On peut en même temps semer de l'orge ou de l'avoine, pour protéger le jeune plant et lui donner, dans la première année, la fraîcheur dont il a besoin.

Le châtaignier est un des arbres les plus précieux de nos forêts par la qualité de ses fruits, qui, dans une partie de la France, sont la principale nourriture des habitants.

Les semis de châtaignier se font à demeure ou en pépinière. Les pépinières doivent être établies sur un terrain remué, frais, à l'abri des vents, mais sans engrais, et, autant que possible, aux abords des ruisseaux et des rivières. Après quatre ou cinq ans, ils peuvent être replantés.

Le hêtre s'élève à une grande hauteur et forme, en Europe, de vastes forêts. Son bois, dont on peut tirer des poutres de cent pieds de long, est excellent pour les travaux de charpentes destinés à rester sous l'eau. Le fruit du hêtre, appelé faîne, est fort agréable au goût et très-recherché de plusieurs animaux; on en retire une huile fort bonne à manger et à brûler.

Le charme, dont le bois donne un excellent charbon pour les foyers et la fabrication de la poudre, est très-employé dans le charronnage, lorsqu'il est bien sec. Il se multiplie de ses graines, que l'on sème aussitôt après la récolte, dans une terre remuée, fraîche et ombragée. Ce n'est qu'au bout d'un an environ qu'elles lèvent; pendant ce temps, on sarcle, on arrose; mais une fois levé, le plant acquiert assez de force pour étouffer les herbes nuisibles.

Le coudrier ou noisetier peut être utile pour former des haies; et comme il ne craint pas l'ombre, on peut l'employer à cacher les murs au nord. Son fruit d'ailleurs est excellent à manger, et on en fabrique de l'huile.

On fait venir le noisetier par rejetons et par marcottes. On raccourcit les branches des rejetons à cinq ou six pouces, et on a soin de faire les marcottes avec du bois de deux ans.

XXIII.

LES URTILACÉES.

Cette famille, ayant pour type l'ortie, renferme des herbes, des arbrisseaux et des arbres, la plupart originaires des climats chauds : le mûrier, le figuier, le chanvre et le houblon.

Le mûrier, dont les feuilles servent de nourriture aux vers à soie, se multiplie généralement par semis. Dans le midi, on doit semer aussitôt que la récolte est faite. Dans le centre et le nord de la France, on ne sème qu'au mois de mai, lorsque les gelées ne sont plus à craindre. L'expérience a appris que par la greffe on faisait porter au mûrier des feuilles plus grandes et plus épaisses, et que, par consé juent, on le rendait plus propre à donner aux vers à soie une nourriture abondante.

On fait venir les figuiers par rejetons, par marcottes et par boutures. Les rejetons enlevés du pied des arbres et mis en pépinière commencent à donner du fruit au bout de cinq à six ans.

Toute la culture du figuier consiste à enlever les branches mal placées. S'il est atteint par la gelée, il suffit de le couper par le pied pour que ses racines produisent de nouvelles tiges, qui donnent des fruits dès la seconde année.

Le chanvre, par ses usages nombreux, rend les plus grands services à l'homme. De ses tiges, on tire la filasse; de ses graines, on extrait une huile employée à la peinture, à l'éclairage, à la fabrication du savon et à beaucoup d'autres usages. Cette graine elle-même est une nourriture fort recherchée des volailles; et, après l'extraction de l'huile qu'elle contient, on en fabrique des tourteaux, qui sont pour les animaux domestiques un aliment substantiel dont ils se montrent fort avides.

Le principal usage du houblon est l'emploi de ses cônes ou fleurs femelles pour donner à la bière le goût amer aromatique qui caractérise cette boisson. On en

fait un grand commerce ; celui qu'on récolte en France
ne suffit pas aux besoins de nos brasseries , et on en tire
une quantité considérable de l'Allemagne , de la Bel-
gique ou de l'Angleterre. Il est en outre employé en
médecine ; ses jeunes tiges se mangent comme celles des
asperges , et les feuilles retirées de ses tiges servent utilement à la nourriture des bestiaux. Le houblon croit
naturellement dans les haies et broussailles du nord de
la France , et surtout dans les lieux humides.

XXIV.

LES LINACÉES.

Cette famille renferme des herbes annuelles ou vivaces, dont la principale est le lin.

Les graines et les tiges de lin servent aux mêmes usages que celles du chanvre. Le lin arraché, on le fait rouir, c'est-à-dire macérer pendant un certain temps, en étalant ses tiges sur un pré. Cette opération a pour but de faire dissoudre l'espèce de gomme qui colle ensemble les fibres de la filasse et de permettre de peigner le lin tout en lui conservant sa longueur. Quand la filasse est bien débarrassée de toutes ses chènevottes par le teillage, elle est propre à être filée. Longtemps on ne sut filer le lin qu'au fuseau et au rouet ; ce n'est que de nos jours qu'on a réussi à le filer à la mécanique.

Le lin aime surtout les bonnes terres légères et les terres argileuses convenablement mêlées de sables. Dans les terres légères, il demande un labour assez profond. Il redoute à la fois le défaut et l'excès de l'eau ; et quelle que soit la terre à laquelle on confie la semence, il lui faut des engrais abondants, des fumiers consommés, et un sol parfaitement divisé et remué.

XXV.

LES SOLANÉES.

Cette famille de plantes, qui abonde dans la zone torride, comprend la pomme de terre, la tomate, le piment et le tabac.

La pomme de terre s'accommode de presque tous les sols ; elle peut croître sur les terres où la culture du blé serait stérile.

Un avantage de cette plante excellente, c'est qu'elle peut croître jusqu'à huit années de suite sur le même sol, sans autre diminution de produit que celle qui est déterminée par les variations des saisons et la quantité d'engrais que reçoit la terre.

Quand la pomme de terre est plantée, il ne faut pas lui ménager les façons d'entretien et de culture, son produit étant toujours en proportion des soins qu'elle a reçus.

Plus la pomme de terre a conservé son feuillage, qui l'abrite et la nourrit, plus sa récolte est abondante. C'est donc folie de faire pâturer par les bêtes ou couper, pour les leur faire manger, les pampres des pommes de terre avant leur maturité.

Pour conserver les pommes de terre pendant toute l'année, il suffit de les couvrir de sable bien sec, au printemps, et de raser toutes les pousses qu'on y aperçoit en les visitant.

La tomate se sème depuis le commencement de février jusqu'à la fin de mars, afin de recueillir ses fruits à différentes époques.

Les plants une fois levés demandent à être éclaircis, sarclés, binés et arrosés. On replante dans une terre bien fumée et bien travaillée. Quand les tiges ont de trente à quarante centimètres, on en pince les sommets au-dessus des fleurs, afin de donner plus de grosseur au fruit.

Le piment, d'un goût âcre et brûlant, est employé dans divers ragoûts ou confit dans le vinaigre, à la manière des cornichons. Dans quelques pays, les pauvres gens les mangent verts avec un peu de vinaigre, pour assaisonner le pain qui forme leur frugal déjeuner.

Le tabac, originaire d'Amérique, nous était resté inconnu jusque vers le milieu du XVIe siècle. Ce ne fut que vers l'an 1560 qu'il commença à être introduit en Europe ; et depuis ce temps, devenant chaque jour plus nécessaire, il s'est établi comme un véritable impôt levé sur la fortune de tous ceux qui se laissent entraîner à ce goût.

Rien n'est plus facile que sa culture ; elle n'exige pas de grandes dépenses, et elle occupe beaucoup de terrains qui autrement seraient restés incultes. Pour faciliter la perception de l'impôt qui frappe cette denrée, la culture n'en est permise que dans certains départements.

XXVI.

LES LILIACÉES. — LES CUCURBITACÉES.

La jolie famille des liliacées, dont le lis est le type, comprend une grande variété de plantes, en général de bel aspect.

Il y a quelques liliacées employées en médecine : le lis, par ses oignons ; la scille, par ses bulbes ; l'aloès, par le suc résineux que l'on extrait de ses immenses feuilles.

Parmi toutes les espèces de lis, le lis blanc a l'odeur la plus suave.

La tulipe des jardins, originaire de la Syrie, est un

des plus beaux ornements de nos parterres. C'est par le semis que l'on se procure de nouvelles variétés.

La jacinthe, symbole de la douleur et de la délicatesse, renferme des plantes herbacées qui naissent d'une racine en forme d'oignon.

La scille (oignon marin) est formée de tuniques dont on fait usage contre l'hydropisie et les maux d'estomac.

L'yucca, originaire de la Floride et du Mexique, employé chez nous pour faire des haies d'une superbe beauté, est remarquable par la singularité de sa forme et de son feuillage.

L'aloès, dont les feuilles gigantesques donnent un fil très-fort et très-blanc, qui sert à faire les meilleures cordes, est une plante grasse qui nous vient de l'Afrique. A petite dose, l'aloès est tonique ; à grande dose, c'est un purgatif puissant.

On compte dans la famille des cucurbitacées les melons, les citrouilles, les concombres et les pastèques.

Les melons se multiplient par semences. Le semis se fait sur couche, et, dès que la saison le permet, on les transplante ensuite en plein champ.

Lorsque les plants ont acquis un peu de force, on

coupe l'extrémité de la tige, pour qu'ils produisent plus de branches latérales. Chaque branche doit porter un fruit ou deux; et lorsque le nombre de fruits conservés est bien déterminé, on enlève soigneusement les fleurs et les rameaux qui pourraient encore sortir des branches mères et qui attireraient la sève avec trop d'avidité.

La citrouille n'est pas seulement employée à la nourriture de l'homme, elle l'est aussi à celle des animaux; et, sous ce rapport, elle est, dans certains pays, un objet de grande culture.

Le concombre, dans la citrouille, se sème vers la fin d'avril, dans une terre bien préparée. On le taille de façon à arrêter à deux yeux les deux bras qui poussent de la tige principale. Le concombre-cornichon ne doit pas être taillé du tout.

La pastèque a la chair douce et sucrée. Dans les pays méridionaux, cette plante, cultivée en grand, forme, pour les animaux, une nourriture abondante.

XXVII.

LES LAURINÉES. — LES POLYGONACÉES.

Les plantes les plus remarquables de la famille des laurinées sont : le laurier, le camphrier, le cannellier.

Le laurier, dont les branches ont servi de tout temps à couronner les vainqueurs, répand une odeur suave très-prononcée. Ses feuilles servent comme assaisonnement, comme aromate, et communiquent aux viandes une propriété stimulante qui facilite la digestion. Les anciens croyaient que le laurier n'était jamais frappé de la foudre.

Le camphrier, qui a le port du tilleul, croît au Japon, à Java, à Sumatra et à Bornéo, où l'on en extrait le

camphre en chauffant des fragments de son bois avec
de l'eau, dans des cucurbites de fer. Le camphre, en-
traîné par la vapeur d'eau, vient s'attacher, en forme
de poudre grise, à des cordes disposées à cet effet dans
l'intérieur de l'alambic. On fait usage du camphre dans
les embaumements, dans les affections nerveuses, dans
la préparation des vernis, dans les feux d'artifice, et
surtout pour conserver les étoffes de laine et les collec-
tions d'histoire naturelle. Pris à trop forte dose, c'est un
violent poison.

Le cannellier a plusieurs variétés qui toutes donnent
de la cannelle plus ou moins bonne. La meilleure est
celle de l'île de Ceylan. La cannelle n'est autre chose
que l'écorce intérieure des jeunes pousses et des branches
de cet arbre.

Plusieurs espèces de la famille des polygonacées se
recommandent par leur emploi utile.

La rhubarbe ou grande patience s'emploie comme
tonique, et, à haute dose, comme purgative. Dans
beaucoup de pays on mange ses feuilles et ses jeunes
pousses.

Le rumex ou patience, dont la racine est regardée
comme stomachique, ne se distingue de l'oseille que

par la présence de tubercules à la base des folioles inté-
rieures du calice et par une saveur peu acide.

L'oseille entre dans l'assaisonnement de beaucoup de
mets, et se mange partout cruc ou cuite. Elle commence
à pousser aussitôt après la fonte des neiges et donne
son feuillage à récolter pendant tout le cours de l'année.
Lorsqu'on veut multiplier l'oseille par le déchirement de
ses pieds, on les arrache en automne, et on les divise
en autant de petits morceaux qu'il y a de rosettes de
feuilles au collet des racines.

Le plus souvent c'est en bordures qu'on cultive l'o-
seille : la graine doit être légèrement recouverte. Le
plan levé est éclairci et arrosé pendant les fortes chaleurs, et, avec quelques soins, une plantation une fois
établie peut durer de dix à douze ans.

Cette famille tire son nom de la forme de ses fruits,
qui ont, en général, la forme d'un polygone, comme le
sarrasin dont nous avons parlé à propos des graminées
et des céréales.

XXVIII.

LES CRUCIFÈRES. — LES OMBELLIFÈRES.

La famille des crucifères, dont la giroflée est le type,
renferme un assez grand nombre de plantes utiles : le
chou, cultivé dans tous nos potagers, et dont le navet
et la rave se rapprochent beaucoup ; le colza, dont les
graines, écrasées sous des meules ou la presse, rendent
une huile qui s'emploie surtout pour l'éclairage, et dont
le marc ou tourteau se donne aux bestiaux ou peut servir d'engrais ; la moutarde, qui donne la farine dont
on fait les sinapismes, et l'assaisonnement de même nom
qu'on obtient en délayant cette farine avec du moût de
vin ou du vinaigre ; le cresson, qui se mange en salade ;

le pavot, qui fournit deux produits d'une grande utilité : l'huile d'œillette et l'opium.

Les semences du pavot sont si nombreuses, qu'un seul pied peut en fournir jusqu'à trente-six mille ; c'est cette graine qui produit, par l'expression, l'huile d'œillette, employée comme aliment, pour l'éclairage et la peinture.

Lorsque, après la chute des fleurs du pavot, on fait au bas de la capsule qui renferme les graines une petite incision, il en sort un suc laiteux que l'on recueille avec soin. C'est un suc qui, évaporé et concentré en extrait solide, constitue l'opium, dont la principale vertu est d'apaiser les violentes douleurs et de disposer au sommeil.

Dans la famille des ombellifères, les fleurs sont disposées en ombelle, comme les branches qui soutiennent un parasol, tels sont : la carotte, le persil, la ciguë, le cerfeuil, le céleri, l'anis, le fenouil.

La carotte veut une terre très-remuée, fécondée par des fumiers qui aient déjà nourri une première récolte ; car les fumiers récents lui sont contraires, en occasionnant des bifurcations dans les racines. On la sème en avril et en septembre ; mais il faut avoir le soin de proléger les derniers semis pendant l'hiver en les couvrant de paille.

Le persil se sème en tout temps, excepté pendant les gelées. Sa graine, qui ne lève qu'au bout d'un.mois ou quarante jours, ne doit pas être enterrée de plus d'un demi-pouce. Les fumiers trop gras nuisent à la saveur. Quand on a eu soin de toujours couper ses tiges avant qu'elles fleurissent, on peut prolonger son existence et le faire durer pendant trois ans.

La ciguë, qui est un poison, croît sur les bords des eaux et dans les lieux frais et humides. Ses feuilles sont assez ressemblantes à celles du persil, mais c'est leur odeur qui les rend reconnaissables. A forte dose, la ciguë produit des engourdissements, des vertiges, et souvent les convulsions de la mort. Les vomitifs, puis le vinaigre mêlé avec de l'eau et à grande dose, sont le contre-poison qu'on doit y opposer.

Le cerfeuil, dont les feuilles sont aromatiques, se mange en salade ; on s'en sert aussi pour les assaisonnements. On le sème tous les quinze jours, parce que les feuilles jeunes et tendres sont plus agréables au goût.

Le céleri craint les gelées ; c'est pourquoi on protége le jeune plant par des paillassons. Il est bon de ne pas semer trop épais, afin que les tiges ne soient pas trop pressées en grandissant. On le transplante avec grand soin sans endommager les racines, et en ne le laissant pas plus d'une heure hors de la terre.

L'anis est une plante annuelle dont les semences sont aromatiques et digestives. On les emploie dans la fabrication de certains bonbons ou gâteaux, on en fait une liqueur recherchée (anisette), et l'on en extrait une huile grasse odorante et une essence agréable.

Le fenouil est une plante annuelle dont toutes les parties ont une odeur douce et aromatique. On tire de l'huile de ses semences; on en fabrique des bonbons en les enveloppant de sucre ; en Italie, on en mange les racines et les parties inférieures de la tige. On le sème au printemps et on en recouvre légèrement la graine.

XXIX.

LES LABIÉES. — LES RUBIACÉES.

La famille des labiées est une des plus importantes familles végétales, à cause des nombreux produits qu'elle fournit aux arts et à la médecine. On distingue la sauge, la menthe, la lavande, le romarin, la mélisse, le thym, le serpolet, le basilic, le patchouli.

La sauge (de *salvare*, sauver), employée en médecine comme tonique et excitante, et dont les Chinois font une infusion qu'ils préfèrent au thé, embellit, par ses jolies fleurs bleues, les vignes, les prairies et les bords des champs. Elle remplace le houblon dans le Nord pour la fabrication de la bière.

La menthe, dont l'odeur très-agréable ne diminue pas par la dessiccation de la plante, a une saveur poivrée et camphrée qui laisse dans la bouche une sensation de froid très-marquée. Elle est tonique et fortement excitante.

La lavande, cultivée à cause de son odeur aromatique, croît naturellement sur les collines sèches et dans les terrains incultes. Elle conserve ses feuilles toute l'année et fleurit pendant une partie de l'été. On en fait des infusions dans l'eau-de-vie, et on en tire une huile essentielle appelée *huile d'aspic*. On plante la lavande en bordure dans nos jardins, et on la multiplie par graines, racines ou boutures.

Le romarin, arbrisseau d'un à deux mètres, est cultivé dans les jardins pour l'odeur suave de ses feuilles et de ses fleurs. On l'emploie en médecine comme tonique et excitant. Employé à l'intérieur, bouilli dans le vin, il fortifie les membres, prévient la gangrène et rétablit la sensibilité. Il est le symbole de la franchise et de la bonne foi.

La mélisse, ou citronnelle, est cultivée en bordure dans les jardins. Elle a une odeur de citron assez prononcée, et son parfum augmente d'intensité après la dessiccation. Employée en infusion, qu'on prend en petites tasses en guise de thé, elle jouit de propriétés excitantes, et c'est surtout dans les langueurs et les débilités d'estomac que son usage est efficace.

Le thym, symbole de l'activité et de la jalousie, est employé comme assaisonnement à cause de son odeur aromatique. On le plante en bordures, que l'on tond tous les ans après la fleur. On peut le multiplier par le déchirement de ses vieux pieds.

Le basilic, remarquable par son odeur suave, donne une infusion stimulante et fournit un assaisonnement très-agréable. Si l'on veut en jouir longtemps, il faut le tondre en boules au moment de la floraison.

Le patchouli, originaire de l'Inde, est remarquable par son odeur forte et éloigne les insectes des vêtements de laine.

La famille des rubiacées renferme plus de deux mille espèces, originaires pour la plupart des régions tropicales. Un grand nombre sont précieuses comme plantes tinctoriales ou médicinales : la garance, l'aspérule, le quinquina, l'ipécacuanha, le café.

La garance est un objet important de culture et de commerce par l'emploi qu'on fait pour la teinture de ses racines rampantes, jaunes en dehors, rouges en dessous, et souvent longues de plus de soixante centi-mètres.

L'aspérule est une plante vivace qui croît dans les lieux découverts et arides et dans les pâturages des montagnes. Elle est fort recherchée des bestiaux. Ses racines ont la propriété de donner une couleur rouge aussi belle que la garance ; il suffit, pour l'en extraire, de les faire bouillir, avant que la tige ait porté sa graine, dans de la bière aigrie ou dans du vinaigre très-fort ; on trempe l'étoffe qu'on veut teindre dans la liqueur encore chaude, et on la retire pour la plonger dans une lessive froide.

Ainsi, les habitants de la campagne pourraient eux-mêmes, par la culture de cette plante, se préparer un moyen économique de teindre leurs étoffes.

Le quinquina renferme des arbres précieux du Pérou, du Brésil et du Mexique, qui fournissent l'écorce amère connue sous le nom de *quinquina*. Remède héroïque et le premier des fébrifuges connus. On l'emploie surtout contre les fièvres intermittentes. Il est en même temps tonique et peut être employé à arrêter les progrès de la gangrène.

L'ipécacuanha est un petit arbrisseau qui croît dans les forêts et les vallées du Brésil. Il s'administre en

poudre et quelquefois en pastilles à la place de l'émé-
tique ; ses effets sont moins violents.

Le caféier est aussi un arbrisseau originaire des pays
situés sous les tropiques. Il est toujours vert et s'élève
de cinq à six mètres.

Des aisselles de ses feuilles naissent, en petits
groupes, des fleurs blanches et odorantes, assez sem-
blables au jasmin d'Espagne, et qui sont remplacées par
une baie présentant l'apparence d'une cerise. Cette baie
enveloppe deux petites graines ou fèves de café accolées
l'une à l'autre.

On cultive surtout le caféier dans les Antilles, les
Guyanes, à Batavia, à l'île Bourbon, à l'île de France
et en Arabie ; mais il ne peut s'acclimater sur notre
sol.

XXX.

LES MINÉRAUX.

L'histoire naturelle est aujourd'hui si étendue, que la vie d'un homme ne pourrait y suffire, en la réduisant seulement à la botanique, c'est-à-dire à l'histoire des plantes, et à la zoologie, ou histoire des animaux.

Dans les temps reculés, Aristote seul mérita le titre de naturaliste. Pline peut être considéré comme le second naturaliste des temps anciens, mais bien inférieur à l'illustre précepteur d'Alexandre.

Enfin Linnée apparaît; il met à profit les recherches antérieures, ose embrasser l'immensité de la nature, en devine les lois, et imagine, pour enregistrer les détails, un langage nouveau.

C'est au génie de Linnée et aux vues profondes de Buffon que l'histoire naturelle dut sa généralisation et les recherches immenses de Jussieu.

Enfin Cuvier, évoquant du sein de la terre les races perdues, devint le modèle à suivre dans la manière d'écrire l'histoire naturelle. Cette branche des connaissances humaines n'est devenue réellement une science que dans ces derniers temps. Elle comprend la botanique, la zoologie et la minéralogie, c'est-à-dire l'histoire des plantes, des animaux et des minéraux.

Nous avons déjà fait l'histoire des principaux animaux et des principales plantes ; il nous reste à parler des minéraux et des connaissances pratiques qui en dépendent.

On appelle substances minérales toutes celles qui, à ce caractère négatif de ne pas être organisées, joignent encore celui de se rencontrer à la surface ou à l'intérieur du globe, telles que la nature les a créées.

Les minéraux n'ont d'autre force que l'attraction générale dont est douée la matière ; et si les parties d'un corps solide opposent de la résistance à la main qui cherche à les séparer, c'est que les parties d'un même corps s'attirent.

Les masses de substances minérales renfermées dans le sein de la terre ont été classées en mines et carrières.

L'exploitation de beaucoup de mines d'étain et de minerais de fer se fait à ciel ouvert, comme celle d'un grand nombre de carrières de pierres, de tourbières, de houillères.

Les mines les plus importantes sont de véritables villes souterraines, avec leur population nombreuse de mineurs, leurs routes qui se croisent dans tous les sens, leurs canaux, leurs chemins de fer, et leurs puits verticaux ou obliques.

XXXI.

LES PIERRES PRÉCIEUSES.

Le diamant, la plus importante des pierres précieuses, n'est pas seulement un objet de luxe ; on en fait usage en horlogerie pour servir de monture aux pivots, et les vitriers en usent pour couper le verre.

Le poids des diamants s'évalue en carats. Le poids d'un carat est de deux cent douze milligrammes. Lorsqu'ils ne sont pas taillés, leur valeur en francs s'obtient en multipliant le nombre de carats par lui-même, puis le produit par quarante-huit. Ainsi, un diamant brut de quatre carrats vaut 768 fr. Un diamant taillé vaut, à poids égal, quatre fois autant.

Les pierres précieuses appelées rubis (rouge), saphir (bleu), topaze (jaune), émeraude (verte), améthyste (violet faible), sont des variétés d'un minéral appelé *corindon*, qui raye tous les corps, excepté le diamant.

Quant à la calcédoine et à la sardoine, qui servent à faire des plaques de bracelets, et à la pierre de touche, ce sont de simples variétés de quartz, lequel n'est autre chose que du sable cristallisé.

L'industrie est parvenue à imiter le diamant et les pierres précieuses presque à s'y méprendre, en introduisant dans la fabrication du verre certaines substances particulières, qui le colorent comme les véritables pierres elles-mêmes. On désigne ces pierres fausses sous le nom de strass.

XXXII.

LE VERRE.

Le verre se fait avec du sable, de la potasse ou de la soude, et de la chaux. Ces matières, plus ou moins pures, suivant le degré de transparence que l'on veut donner au verre, sont mises dans un creuset et exposées à un feu violent pendant trente heures. En ajoutant du minium, on obtient du cristal, avec lequel on fait la verroterie de luxe, ainsi que des lustres, des flambeaux, des vases, ou bien encore des verres d'optique.

On emploie, pour faire les bouteilles communes, des sables plus ou moins ferrugineux, de la craie et du sel de soude. La présence du fer donne à ces verres une couleur foncée. L'ouvrier prend de la matière fondue au bout d'une longue canne creuse en fer, et souffle une grosse boule, exactement comme on fait des bulles de savon avec un chalumeau de paille. Il fait entrer cette boule dans un moule en fer, qui détermine le volume de la panse et le renfoncement du fond. Le verrier ne doit prendre à chaque fois, dans le creuset, que la quantité nécessaire pour que le verre ait la même épaisseur et le même volume dans toutes les bouteilles.

Tous ces produits, au moment où ils viennent d'être fabriqués, doivent être apportés à un four de recuit, à compartiments inégalement chauds, de telle sorte qu'ils ne refroidissent que lentement. Sans cela, les verres seraient sujets à se briser au moindre choc.

XXXIII.

LA POTASSE ET LA POUDRE A CANON.

La potasse est un corps blanc, fusible et très-soluble
dans l'eau. On l'obtient en lessivant les cendres de bois
et en évaporant la liqueur ; alors il est à l'état de sel et
mêlé à d'autres substances, et passe dans le commerce
sous le nom de *perlasse*.

Le nitrate de potasse ou salpêtre se trouve dans les
Indes à la surface du sol, et en Europe dans certains
lieux humides et habités.

La poudre à canon est un mélange de salpêtre, de
soufre et de charbon. Les proportions sont : pour la poudre

de guerre, soixante-quinze de salpêtre, douze et demi de soufre et autant de charbon; pour la poudre de chasse, soixante-dix-huit de salpêtre, douze de charbon et dix de soufre.

Ces trois éléments de la poudre sont réduits séparément en poussière impalpable dans des tonneaux contenant des gobilles de cuivre et tournant sur des axes avec rapidité. Le mélange s'opère ensuite d'une manière intime, en faisant rouler avec de la grenaille de plomb, dans un tambour, les poudres de salpêtre, de soufre et de charbon. Puis on ajoute quatorze pour cent d'eau à une portion du mélange, que l'on passe à travers un tamis et que l'on fait ensuite rouler dans un tambour pour obtenir de petits grains ronds : ceux-ci deviennent les noyaux de grains que l'on obtient en ajoutant le reste du mélange.

La poudre ainsi grenée est passée sur trois tamis; les grains les plus gros forment la poudre à canon, les moyens donnent la poudre à fusil, et les plus petits servent de noyaux pour une opération ultérieure.

XXXIV.

LA SOUDE ET LES SAVONS.

La soude est blanche et se comporte comme la potasse
avec les autres corps. On la trouve dans plusieurs plantes
marines, comme les algues, dont les cendres sont connues sous le nom de varech. On les traite comme celles
du bois dont on retire la potasse.

Combinée à chaud avec les huiles, la soude forme la
base des savons.

On commence par faire des dissolutions plus ou moins
concentrées de soude, dont on enlève l'acide carbonique
par la chaux. On décante ces dissolutions. On met la plus

faible partie dans une chaudière, on la chauffe, puis on y ajoute alternativement de l'huile d'olive et des dissolutions de soude. Bientôt le savon paraît à la surface du liquide. On le colore en gris par des substances étrangères, telles que les sels de fer et d'alumine. Si l'on veut faire des marbrures, on ajoute de l'eau. On coule ensuite dans des moules.

Les savons à base de potasse sont mous ; on peut les transformer en savons à base de soude en les faisant bouillir dans une dissolution de sel marin. Les savons se dissolvent dans l'alcool ; en faisant évaporer, on obtient un savon demi-transparent, nommé essence de savon.

La bougie s'obtient à peu près par les mêmes procédés, en saponifiant le suif par la chaux ou mieux encore par l'acide sulfurique, qui attache les matières grasses avec la plus grande facilité.

Les vernis s'obtiennent en dissolvant la résine dans les huiles de lin ou dans l'alcool, solution à laquelle on ajoute quelque matière colorante, comme l'aloès et le safran.

XXXV.

LE SOUFRE ET LE PHOSPHORE.

Tout le monde connait le soufre ; on l'extrait par distillation des terrains volcaniques, où il se trouve en grande quantité. Cette exploitation est des plus simples.

On enlève le soufre et on le fait fondre, soit dans des fosses, soit dans des pots, afin de le débarrasser des matières terreuses qui le salissent et qui tombent au fond. On obtient ainsi le soufre brut, qu'on purifie ensuite en le volatilisant et en condensant sa vapeur dans de grandes chambres froides, sur les parois desquelles elle va se déposer en fleurs. On peut aussi fondre le soufre et le couler dans des moules en bois, sous la forme de bâtons appelés *canons*.

Le soufre s'emploie dans la fabrication des allumettes, de l'huile de vitriol ou acide sulfurique et de la poudre à canon. Il est aussi employé en médecine contre les maladies de la peau.

Le phosphore, transparent ou noir, suivant qu'il se solidifie lentement ou subitement dans l'eau, est odorant comme l'ail ou l'arsénic.

Les os contiennent du phosphore, ainsi que le cerveau et les nerfs. Lorsque ces matières sont enfouies dans la terre, l'humidité et la chaleur les décomposent; il en résulte un gaz appelé hydrogène phosphoré, qui, en s'échappant par les fentes de la terre, prend feu de lui-même aussitôt qu'il est en contact avec l'air, et produit les *feux-follets*, que les paysans prennent souvent pour les âmes des trépassés.

XXXVI.

LE CARBONE ET LA HOUILLE.

Le carbone ou charbon pur est le résidu ordinaire de la combustion des substances végétales ou animales qu'on a chauffées à l'abri de l'air. Ainsi obtenu, il est capable d'absorber beaucoup de gaz, de purifier l'eau corrompue et de clarifier les liquides.

Le charbon se rencontre dans le sein de la terre à l'état de houille, d'anthracite et de lignite.

La houille renferme du charbon pur mêlé à des matières goudronneuses et bitumineuses, qui s'en dégagent par une forte chaleur et donnent le gaz d'éclairage. Il reste un charbon très-dur appelé coke.

Quelques mines de houille — mais c'est le petit nombre — offrent l'aspect d'une forêt de végétaux, les uns sur pied, les autres inclinés. Quelques-uns de ces dépôts ont été formés par de grands amas de débris végétaux, transportés par les fleuves et amoncelés à leur embouchure. Pour les houillères où les arbres fossiles sont debout, on pense que ces forêts ont été englouties sous les eaux par suite d'un affaissement du sol. Mais, en général, les houillères sont d'origine minérale, et le charbon se forme dans le sein de la terre, comme le soufre, les métaux et autres matières précieuses, par des opérations chimiques, qui seront longtemps le secret de la nature.

L'anthracite est encore plus ancien que la houille, à laquelle il ressemble beaucoup; mais c'est un combustible difficile à allumer. Les lignites sont plus ou moins carbonisés et d'assez bons combustibles. Le jais, employé dans les parures de deuil, est un lignite compact. Le diamant lui-même n'est que du carbone pur cristallisé.

XXXVII.

LE CHLORE ET SES USAGES.

Le chlore est un gaz jaune verdâtre, qui se trouve dans la nature combiné avec le sel marin et les métaux. Ce gaz peut être conduit dans des bocaux pleins d'eau de chaux et former ainsi le chlorure de chaux, employé pour le blanchiment des toiles. On obtient de même le chlorure de potasse ou eau de javelle.

En chauffant le chlorure de chaux avec de l'alcool, on obtient le chloroforme, employé beaucoup en chirurgie pour donner au malade une insensibilité complète.

Le chlore a la précieuse propriété de détruire les matières colorantes, végétales et animales, ainsi que les matières odorantes, les germes putrides, les miasmes délétères répandus dans l'atmosphère.

Le chlorate de potasse, mêlé avec des corps combustibles, comme le soufre et le phosphore, produit des poudres qui s'embrasent et détonent avec la plus grande facilité, soit par la chaleur, soit par le frottement. On en emploie une énorme quantité dans la fabrication des allumettes.

Dans le blanchiment par le chlore, il importe de ne le faire agir qu'avec beaucoup d'eau et pas trop longtemps, car on risquerait de diminuer la solidité des toiles et du tissu. Il y a quelques années, on a commencé à traiter les plaies menacées de gangrène par le chlorure de soude en solution ; grâce à cet agent, des plaies hideuses sont redevenues, en moins de vingt-quatre heures, vermeilles et de bonne nature.

XXXVIII.

L'AIR ET L'EAU.

Notre globe est enveloppé d'une couche d'air dont on évalue la hauteur à quinze ou seize lieues, et qu'on appelle atmosphère.

Tout le monde sait comment l'homme a su appliquer à son usage la force du vent, soit comme propulseur dans la navigation à voiles, soit comme moteur mécanique dans les moulins à vent. A l'aide de l'anémomètre, on a pu constater que la vitesse du vent varie depuis trente mètres par minute jusqu'à deux mille sept cents mètres qu'atteint quelquefois l'ouragan.

L'air est pesant et tend à tomber vers le centre du

globe, comme toute autre espèce de matière. Le baromètre, les pompes et les siphons utilisent cette pesanteur de l'air.

Comme l'air, l'eau est indispensable à l'entretien de la vie des animaux. Convertie en vapeur par l'action du soleil, l'eau forme les nuages, se résout en pluie et devient un des principes les plus fécondants de la végétation. L'eau courante est le moteur le plus économique dont les hommes puissent disposer ; chauffée à un certain degré, elle devient un agent d'une force illimitée, sous le nom de *vapeur*; elle est enfin un des ornements de cet univers.

Les ruisseaux, les lacs, les cascades, forment la beauté d'un paysage, et rien n'est plus majestueux que le cours d'un grand fleuve, comme rien n'est plus imposant que le spectacle d'une mer courroucée.

A volume égal, l'eau pèse sept cent quatre-vingt-une fois plus que l'air, et le gramme équivaut au poids d'un centimètre cube d'eau distillée à son maximum de densité.

XXXIX.

LES MÉTÉORES.

On désigne sous le nom de *météores* les phénomènes qui se passent au sein de notre atmosphère, tels que les vents, les trombes, la neige, la grêle, le tonnerre, l'arc-en-ciel, et autres faits extraordinaires.

Les trombes consistent soit en une masse de vapeur, soit en une colonne d'eau enlevée par des tourbillons de vents, et tournant sur elle-même avec une grande vitesse. Elles se présentent dans tous les lieux, et leur intensité est quelquefois si grande, qu'elles arrachent de gros arbres et les transportent au loin.

Le brouillard résulte de la première condensation des

vapeurs atmosphériques ; les nuages proviennent d'un brouillard dont les gouttelettes ont suffisamment grossi. Quand, par leur rencontre mutuelle, les gouttelettes qui composent un nuage ont acquis une grosseur suffisante, elles tombent sous forme de pluie. La neige n'est autre chose que de la pluie congelée en petits cristaux étoilés, qui, en se joignant, forment les flocons de neige.

La grêle résulte de grosses gouttes congelées rapidement et accompagnées de phénomènes électriques. Le feu Saint-Elme se manifeste en forme de flammes ou vapeurs lumineuses, voltigeant aux extrémités des mâts des navires. On pense que c'est un effet d'électricité, car il se manifeste en général par un temps d'orage et dans les nuits obscures.

L'arc-en-ciel résulte de la réfraction et de la réflexion des rayons solaires, combinées ensemble dans les gouttes d'eau d'un nuage opposé au soleil. On peut l'imiter au moyen d'une carafe remplie d'eau, qu'on place sur une table, de manière à ne recevoir qu'un rayon solaire, qu'on fait passer par la fente des deux croisées. En se plaçant convenablement, on peut aussi observer l'arc-en-ciel dans les jets d'eau et les cascades.

XL.

LES MÉTAUX. — LE FER.

Les minéraux comprennent les corps simples ou métalloïdes, dont nous avons parlé, et les métaux, qui sont tous solides, excepté le mercure.

Plus la civilisation s'est répandue, plus l'emploi du fer s'est généralisé. Aujourd'hui, le fer semble se plier à tous nos besoins. Les locomotives rapides, les voies faciles que ces machines parcourent, plus promptes que le vent, les édifices durables et légers, les ponts hardiment suspendus sur les fleuves, et beaucoup d'autres œuvres du génie de l'homme, ne peuvent être réalisés qu'à l'aide de ce métal.

Le fer, tel que la nature le produit en immense quantité, n'est presque partout qu'une masse terreuse, une rouille sale et impure. L'homme n'a guère eu besoin que d'épurer l'or; il a fallu, pour ainsi dire, qu'il créât le fer. Le fer est, après l'étain, le plus léger des métaux, et sa ténacité est si grande, qu'un fil de fer de deux millimètres d'épaisseur peut supporter, sans se rompre, un poids de deux cent cinquante kilog.

Sous l'influence de la chaleur des hauts-fourneaux, l'enveloppe terreuse du minerai de fer est fondue, et le métal coule alors à l'état de fonte dans des rigoles creusées dans le sable. Si l'on s'arrange, dans l'opération de l'affinage, de manière à laisser au fer deux à trois millièmes de charbon, on obtient ce que l'on appelle acier de forge.

Le fer laminé, recouvert d'étain, se nomme fer-blanc; recouvert de zinc, il prend le nom de fer galvanisé.

XLI.

L'OR ET L'ARGENT.

L'or est le plus ductile et le plus malléable des métaux, car on peut le réduire en feuilles d'un cent millième de millimètre d'épaisseur. Deux grammes suffisent pour couvrir un fil d'argent de deux mille kilomètres de longueur. L'alliage monétaire d'or et de cuivre, comme l'alliage d'argent, est au titre de neuf dixièmes. A poids égal, l'or vaut quinze fois et demi plus que l'argent. Le vermeil n'est que de l'argent doré.

L'argent, le plus blanc et le plus inaltérable des métaux, est tellement ductile, qu'on peut le réduire en

fouilles si minces, que quatre mille de ces feuilles super-
posées n'ont pas l'épaisseur d'un millimètre un quart,
et qu'un gramme peut être converti en un fil de deux
mille cinq cents mètres de longueur. Ce métal est plus
dur que l'or, mais moins que le cuivre.

Les couverts et les vaisselles d'argent perdent leur
éclat au contact des œufs ou d'autres aliments contenant
du soufre. Pour rendre à ces ustensiles leur première
beauté, il suffit de les frotter avec un peu d'huile ou de
craie, ou avec une toile fine imbibée d'ammoniaque.

XLII.

LE PLATINE, LE MERCURE ET LE PLOMB.

Le platine, presque aussi blanc que l'argent, est assez mou, et cependant il est infusible au plus violent feu de forge. Cette propriété le fait employer à la fabrication des creusets, cornues et alambics. Il est le moins dilatable de tous les métaux ; aussi est-il employé, de préférence à tous les autres, à la fabrication des étalons des poids et mesures et des pièces d'horlogerie délicates.

Le mercure, qui est d'un blanc d'argent et liquide à la température ordinaire, s'allie facilement avec un grand nombre de métaux et forme avec eux des amalgames. Ce métal est très-précieux pour la construction des instruments de physique et de chimie, tels que le thermomètre, le baromètre, et pour l'extraction de l'argent. Combiné avec l'étain, il produit le *tain* des glaces.

Le plomb, d'un blanc bleuâtre, est si mou, qu'on peut le rayer avec l'ongle. On le lamine pour le convertir en tables ou en feuilles. On en fait des couvertures de toit, des tuyaux de conduite, des gouttières, des réservoirs, des chaudières ; on le moule en balles de différents calibres, et on le convertit en grains plus ou moins fins pour l'usage de la chasse. Il remplace avec avantage le soufre pour le scellement du fer dans la pierre, et l'exploitation des mines d'or et d'argent en réclame aussi de grandes quantités.

XLIII.

LE CUIVRE, L'ÉTAIN, LE ZINC.

Le cuivre, d'une belle couleur rouge, est, après le fer, le métal le plus employé dans les arts. Pur et sans mélange, il sert à fabriquer des vases et des ustensiles de ménage, des alambics, des chaudières, des pompes, des feuilles pour la coque des vaisseaux. Il entre pour un dixième dans la monnaie d'or et d'argent. Uni à d'autres métaux, il forme le bronze, le laiton, et beaucoup d'autres alliages utiles.

L'étain, d'un blanc grisâtre, mou et très-malléable, sert à confectionner une foule d'ustensiles pour l'usage domestique : des cuillers, des assiettes, des vases pour contenir les liquides. Allié au plomb et à d'autres métaux, il sert à fabriquer des plaques fusibles qui s'adaptent aux chaudières à vapeur. Les combinaisons de l'étain avec le chlorure servent dans la teinture.

Le zinc, d'un blanc bleuâtre très-brillant, est mou et malléable. On l'emploie, soit allié au cuivre, avec lequel il forme le laiton ou cuivre jaune, soit seul à l'état laminé. Dans ce dernier cas, il sert à faire des couvertures de toits, des gouttières, des tuyaux de conduite, des baignoires, des clous, du fil métallique, et à doubler les coques des navires. Les toitures en zinc sont bien meilleur marché que les toitures en plomb, mais elles ont l'inconvénient d'être combustibles.

INVENTIONS ET MERVEILLES.

———

L'homme ne crée point : il trouve, il découvre. Toutes les richesses de la nature ont été mises à sa disposition ; il est chargé d'en reconnaître les propriétés et les rapports, pour les accommoder à son usage.

Rigoureusement parlant, *découvrir* et *inventer* ne signifient pas la même chose. Ce qu'on découvre existait déjà. On n'invente pas une île, une planète, une carrière, une mine ; on les découvre.

L'invention est presque toujours le résultat d'une combinaison d'éléments matériels qui se trouvent épars dans la nature et qu'on réunit d'une manière quelconque, pour en obtenir un certain effet. Ainsi, c'est en mêlant ensemble du salpêtre, du soufre et du charbon, qu'on a inventé la poudre.

Une *merveille* est une chose extraordinaire, surprenante, quelquefois incompréhensible, que l'œil humain n'est point accoutumé à voir sur la terre, bien que les œuvres de Dieu soient aussi des merveilles journalières et sans nombre. Ainsi, une pierre qui tombe ; l'eau qui coule, s'évapore et se congèle ; l'éclair qui sillonne la nue, le vent qui mugit, le tonnerre qui gronde, la mer qui se balance, les oiseaux voyageurs qui passent, les saisons qui se succèdent, sont autant de merveilleux phénomènes, auxquels l'habitude nous rend indifférent. Et cependant chacun de ces faits est la révélation des grandes lois par lesquelles Dieu entretient et règle l'harmonie de l'univers.

Habituons-nous donc à admirer les merveilles de la nature et à remonter des faits apparents aux véritables causes, car rien n'est comparable au plaisir que procure au cœur de l'homme le sentiment du mystère et de l'infini.

FIN.

TABLE.

FIN DE LA TABLE.

Rouen. — Imp. MÉGARD et Cᵉ, rue Saint-Hilaire, 136.

www.ingramcontent.com/pod-product-compliance
Ingram Content Group UK Ltd.
Pitfield, Milton Keynes, MK11 3LW, UK
UKHW020836120726
13693UKWH00002B/673